Diamond Jewelry

永恒的钻石首饰

700年荣耀与魅力

[英] 黛安娜·斯卡尔斯布里克（Diana Scarisbrick） 著

王歆韵 译

华中科技大学出版社
http://press.hust.edu.cn
中国·武汉

有书至美
BOOK & BEAUTY

缅怀马丁·诺顿（Martin Norton）

第2页图：路德维希一世（Ludwig I）之妻——巴伐利亚王后特蕾莎（Queen eresa of Bavaria）在加冕典礼上佩戴的王冠和冠饰，1806—1807 年由珠宝制造商尼托菲尔斯（Nitot & Fils）承制，查理·佩西耶（Charles Percier）设计。约瑟夫·卡尔·斯蒂勒（Joseph Karl Stieler），1827 年绘制。

第3页图：宝石双头鹰（约 1550 年），哈布斯堡王朝政权之象征，暗指巴伐利亚公爵阿尔布雷希特五世（Albrecht V）之妻——神圣罗马帝国皇帝斐迪南一世（Ferdinand I）之女——安娜（Anna）。

本页图：圣骨胸针，艾尔弗雷德·巴普斯特（Alfred Bapst）于 1855 年为欧仁妮皇后（Empress Eugénie）制作，采用了马萨林钻石及其他具有重大历史意义的钻石。

图书在版编目（CIP）数据

永恒的钻石首饰：700年荣耀与魅力／（英）黛安娜·斯卡尔斯布里克（Diana Scarisbrick）著；王歆韵译.—武汉：华中科技大学出版社，2023.1
ISBN 978-7-5680-9035-3

Ⅰ.①永… Ⅱ.①黛… ②王… Ⅲ.①钻石-基本知识 Ⅳ.①TS933.21

中国版本图书馆CIP数据核字（2022）第238953号

Published by arrangement with Thames & Hudson Ltd, London
Diamond Jewelry: 700 Years of Glory and Glamour © 2019 Thames & Hudson Ltd, London
Text © 2019 Diana Scarisbrick
Illustrations © 2019 the copyright holders; see PP. 249-250
Design and layout © 2019 Thames & Hudson Ltd, London
This edition first Published in China ©2023 by Huazhong university of Science and Technology Press, Beijing
Chinese edition ©2023 Huazhong University of Science and Technology Press

简体中文版由Thames & Hudson Ltd, London授权华中科技大学出版社有限责任公司在中华人民共和国境内（但不含香港、澳门和台湾地区）出版、发行。

湖北省版权局著作权合同登记　图字：17-2022-033号

永恒的钻石首饰：
700年荣耀与魅力
Yongheng de Zuanshi Shoushi: 700 Nian Rongyao yu Meili

[英] 黛安娜·斯卡尔斯布里克（Diana Scarisbrick）著
王歆韵 译

出版发行：华中科技大学出版社（中国·武汉）	电话：(027) 81321913
华中科技大学出版社有限责任公司艺术分公司	(010) 67326910-6023

出 版 人：阮海洪

责任编辑：莽　昱　韩东芳
责任监印：赵　月　郑红红　　　　　　　　　　封面设计：邱　宏

制　　作：北京金彩恒通数码图文设计有限公司
印　　刷：广东省博罗县园洲勤达印务有限公司
开　　本：635mm×965mm　　1/12
印　　张：21.3
字　　数：70千字
版　　次：2023年1月第1版第1次印刷
定　　价：268.00元

目　录

第一章

中世纪晚期与
文艺复兴早期之奢
（1364—1500年）

"他的珠宝皆为巴黎风格。"

克里斯蒂娜·德·皮桑（Christine de Pizan），"英明的"查理五世之圣贤与美德之书（1404—1410年作品）

图 3（上）："贤人"查理五世的大理石雕像（约 1375 年）。查理五世于 1364 年继位为法兰西国王，拥有的钻石珠宝数量惊人，前所未有。

图 4（对页）：勃艮第公爵——查理五世的弟弟"勇敢的"菲利普二世之画像。其财富始于 1369 年与佛兰德女伯爵玛格丽特三世的婚姻。16 世纪，仿让·马洛埃（Jean Malouel）作品。

这是一个关于自 14 世纪以来，钻石如何成为财富与政权的最终象征的故事。镶嵌在杰出之人佩戴的珠宝上，亮相于过去 700 年里重大场合中，在自然的造物集里，这块石头从未黯然失色。

尽管在巫术与医学领域被认为拥有极高价值，但是在中世纪早期，钻石却极少用于制作珠宝，直到 14 世纪后半期钻石供应量才有所增加，其重要性才得以体现。钻石的原产地在印度的德干半岛，主要是在靠近海得拉巴邦的戈尔康达。钻石由车队从该地运出，横跨危机四伏的陆地运至地中海东部的贸易中心，再跨海到达威尼斯和热那亚。走街串巷的商人有的从这些港口出发，有些来自比萨、佛罗伦萨和卢卡，北至宫廷、城镇与集市（例如诸圣节）的交易会，他们冒着更大的风险再把货卖给雕刻工、珠宝商或是用珠宝彰显地位的人[1]。

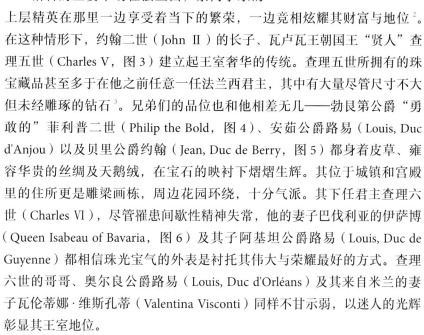

钻石的主要市场在法兰西，崇尚享乐的上层精英在那里一边享受着当下的繁荣，一边竞相炫耀其财富与地位[2]。在这种情形下，约翰二世（John Ⅱ）的长子、瓦卢瓦王朝国王"贤人"查理五世（Charles Ⅴ，图 3）建立起王室奢华的传统。查理五世所拥有的珠宝藏品甚至多于在他之前任意一任法兰西君主，其中有大量尽管尺寸不大但未经雕琢的钻石[3]。兄弟们的品位也和他相差无几——勃艮第公爵"勇敢的"菲利普二世（Philip the Bold，图 4）、安茹公爵路易（Louis, Duc d'Anjou）以及贝里公爵约翰（Jean, Duc de Berry，图 5）都身着皮草、雍容华贵的丝绸及天鹅绒，在宝石的映衬下熠熠生辉。其位于城镇和宫殿里的住所更是雕梁画栋，周边花园环绕，十分气派。其下任君主查理六世（Charles Ⅵ），尽管罹患间歇性精神失常，他的妻子巴伐利亚的伊萨博（Queen Isabeau of Bavaria，图 6）及其子阿基坦公爵路易（Louis, Duc de Guyenne）都相信珠光宝气的外表是衬托其伟大与荣耀最好的方式。查理六世的哥哥、奥尔良公爵路易（Louis, Duc d'Orléans）及其来自米兰的妻子瓦伦蒂娜·维斯孔蒂（Valentina Visconti）同样不甘示弱，以迷人的光辉彰显其王室地位。

1369 年，勃艮第公爵"勇敢的"菲利普二世在与佛兰德女伯爵玛格丽特三世（Marguerite Ⅲ）结婚时，获得布拉班特及佛兰德两大富镇。他的继承者们，即"无畏的"约翰一世（John the Fearless，图 1，图 7）、"好人"菲利普三世（Philip the Good）以及"大胆的"查理（Charles the Bold）通过攻占与承袭扩张其领地。同时，他们继续保持着王室的宏伟与壮观，认为没有什么比受严苛礼仪管束的家族盛况更引人注目的了。他们

{第6—7页图}

图 1（左）：勃艮第公爵"无畏的"约翰于金线绣布垂挂的华盖之下即位，绣布上可见组成其公爵勋章的木匠刨子及啤酒花图案。

图 2（右）：金吊坠，中央镶嵌了一枚六瓣形玫瑰钻石，钻石四周被藤蔓缠枝纹镶边的尖晶石及祖母绿环绕，是坚定不移的象征。纽伦堡（约 1500 年）。

图5（上）：手绘彩图，可见收藏家典范贝里公爵约翰接见意大利宝石商的场景。

图6（下）：1414年手稿，可见法兰西国王查理六世之妻巴伐利亚的伊萨博正准备接过作家克里斯蒂娜·德·皮桑赠书。其服饰通常使用大量珠宝点缀。

图 7："无畏的"约翰与其家族成员同为宝石的狂热爱好者。他将宝石嵌入珠宝，制成由木匠刨子及啤酒花组合而成的个人勋章。

与热爱艺术的诗人兄弟——于 1434 年起成为那不勒斯与西西里国王的安茹的勒内（René of Anjou），对收藏宝石都有着狂热的爱好，并勾起了他们对宝石切割精湛技艺的兴趣。再往北一些，尽管布列塔尼的早期统治者的确拥有钻石珠宝，但直到追求雅致与享乐的弗朗索瓦公爵二世（François Ⅱ）及其妻子——布列塔尼的玛格丽特（Marguerite of Brittany）在任时期，其规模才得以与瓦卢瓦王室匹敌，并彰显领地独立的光荣及海上经济的发展。

14及15世纪的切割与镶嵌工艺

尽管1世纪的罗马作家——将钻石奉为人类财富之最[4]的普林尼（Pliny）声称钻石可以切割钻石，但这个秘诀还是在西方销声匿迹。此后，钻石用于镶嵌时仅呈现钻石的自然形态，即向上拱起汇于一点的八面体。尽管这种形状给人留下深刻印象，但这种工艺无法使割面发出光泽。直到14世纪，全新的切割及抛光技艺才在布鲁日、纽伦堡和巴黎的中心地区出现。值得一提的是，治理假冒伪劣产品的行动从1355年便已经开始了。其中，巴黎金匠公会的新章程禁止用切割水晶冒充钻石。1381年，德国人让·布勒（Jehan Boule）向巴黎总督证实他是一名钻石切割师[5]，从而获得了进入该公会的资格。他并非唯一一位进入公会的人，因为那时其他一些切割师与抛光师也在打磨加工过的宝石，例如技艺精湛的"赫尔曼（Herman Russiel），他可将钻石打磨成多种形状"[6]。14世纪的伦敦出现了许多德国的钻石切割师。到了15世纪，布鲁日成为最重要的中心地区，据《东方与西方》（Les Merveilles des Indes Orientales et Occidentales，1661年）作者罗伯特·贝肯（Robert de Berquen）称，利用钻石粉末加铁进行研磨从而提高切割及抛光工艺的人正是其祖先——来自布鲁日的路易·贝肯（Louis de Berquen），但这一说法尚有争议[7]。威尼斯和里昂也出现了一些钻石切割师。1497年，来自里昂的"钻石切割师"让·卡永（Jehan Cayon）受布列塔尼女爵、弗朗索瓦公爵二世及其第二任妻子玛格丽特·德·富瓦（Marguerite de Foix）之女安妮（Anne）所托，为她与法兰西国王查理八世（Charles VIII）婚后所得钻石中品相最佳的一颗尖琢型（point cut）钻石进行翻新[8]。

进入14世纪下半叶前，钻石切割有三种基本形式：尖琢型（最早的切磨形态）、桌形（Table Cut）及盾形切割（Shield Cut）。桌形琢型是将八面体的顶端切去，切割出的钻石也被称为方钻（Square Diamond）。三角或盾形冠面的钻石在法兰西国王约翰二世及查理四世（Charles IV）遗孀让娜·德埃夫勒（Jeanne d'Evreux）的遗嘱中有所提及[9]。这三种形式继续沿用的同时，新的切割形式也层出不穷。例如，瓦卢瓦王室四兄弟中最出色的鉴赏家贝里公爵约翰的藏品中陈列着三十颗风格迥异的裸钻（有些已加工过，有些尚未被打磨），其中包含十颗尖琢型钻石，两颗三角形琢型（Triangular Cut）钻石以及一颗台面近似圆形、如镜面一般的扁平八边形钻[10]。除此之外，贝里公爵的藏品列表中还有六边形钻石，可见于休伯特·凡·艾克（Hubert Van Eyck）与扬·凡·艾克（Jan Van Eyck）两兄弟的作品《根特祭坛画》（Ghent Altarpiece）中所绘的圣母玛利亚王冠上（图8）。尽管这些钻石已经失传，但由五个菱形刻面构成的百合花图案却流传下来，于1453—1467年被镶嵌在勃艮第公爵"好人"菲利普三世所使用的岩石水晶杯的杯脚及杯盖边缘（图9）。这个杯子将那时流传的一些切割形式保留了下来，包括双星形、多刻面鸡心形及水滴形[11]。

除此之外，从"大胆的"查理1467年的藏品中所列的"十颗桌形琢型钻石"可知，在此之前，桌形琢型的冠面形状已由正方形发展至狭长的长方形。由于新的切割形式能够增加钻石的光泽度，因此出现了许多

图8（对页）：凡·艾克兄弟的《根特祭坛画》（1425年）中，圣母王冠上的珠宝，可见宫廷艺术家们对各式珍宝及多种宝石切割技艺十分熟悉。

图 9（对页）：为勃艮第公爵"好人"菲利普三世制作的岩石水晶杯。底座镶有 20 颗钻石，钻石的切割方式为当时流传的各式切割形式。

图 10（上）：杰拉尔德·大卫所绘《圣母子与圣徒及捐助者》中，圣凯瑟琳所披斗篷上的一对钻石搭扣（细节处）各自镶有一朵五瓣玫瑰式切割钻石，并以胸前的铰链相互连接。

装饰性的小颗钻石簇以弥补大颗钻石的短缺。其中，最重要的则是由小尺寸钻石铺排镶嵌而成的圆圈构成的花朵型玫瑰花饰，其大小可随意调整[12]。15 世纪中期的法国绘画中也出现了四瓣及三瓣单玫瑰花饰，例如，1516 年老汉斯·霍尔拜因（Hans Holbein）所绘的祭坛画《塞巴斯蒂安的殉难》（Sebastian Altar，存放于德国慕尼黑老绘画陈列馆）中，圣伊丽莎白（St Elizabeth of Hungary）戴的王冠上就有这种样式的珠宝；另外，还有杰拉尔德·大卫（Gerard David）所绘《圣母子与圣徒及捐助者》（Virgin and Child with Saints and Donor，约 1500 年）中，圣凯瑟琳（St Catherine）的斗篷上的搭扣（图 10）。权威宝石学专家赫伯特·蒂兰德（Herbert Tillander）称："精巧的双玫瑰花饰大约出现于 1480 年，其在一件作品中使用两种截然不同的切割形式（菱形和扇形），十分新颖大胆，出来的效果十分精美、无可比拟。"[13]约尔格·塞尔达（Jorg Seld）和尼古拉斯·塞尔达（Nicholas Seld）于 1494 年联手打造的圣乌尔里希十字架（the cross of St Ulrich）存放在奥格斯堡大教堂。他们在十字架中心采用了十瓣形双玫瑰花饰，在横臂与竖臂上采用了五瓣形单玫瑰花饰，而这种花饰一直沿用至今[14]。另一例双玫瑰花饰则出现在穆兰大师（Master of Moulins）1483 年所绘的萨伏依公爵夫人——奥地利公主玛格丽特（Margaret of Austria）肖像画中人物所戴的帽子上（图 12）。

同样具有独创性的切割形式还有"拱形"（hog back）切割，就是在长方形钻石表面打磨出斜切面，再将两颗钻石拼接，从而形成三角拱形，便于组成钻石文字，可拼成大写字母或格言警句。此种切割样式可见于"大胆的"查理所佩戴的嘉德绶带，绶带上的格言"心怀邪念者可耻"（HONI SOIT QUI MAL Y PANSE）中的字母就由铺排在整条蓝丝绒绶带上的拱形钻石组合而成。除此之外，上面的珍珠、红宝石吊饰及搭扣周围也有钻石点缀（图 11）。另一例相传为"大胆的"查理之女——勃艮第女爵玛丽 1477 年大婚时，其奥地利夫君——未来的神圣罗马帝国大帝马克西米利安一世（Maximilian I）所赠的 M 形钻戒（图 15）。

14 世纪的珠宝由传统金匠的金属回纹饰及珐琅彩金工艺制作而成，钻石常位于由多颗珍珠、尖晶石、祖母绿及红宝石组成的珠宝簇的中央。这些钻石尽管大多位置隐蔽，却在未经雕琢的彩色半球状宝石的微光中闪现

图 11：尖晶石与拱形切割钻石字母组成了嘉德勋章绶带上的格言"心怀邪念者可耻"，这条绶带于 1476 年格朗松战役中从"大胆的"查理处缴获。

图 12：奥地利公主玛格丽特三岁时的画像，可见其冠上有十瓣型玫瑰花饰针。穆兰大师，1483 年绘。

若隐若现的光点。然而，琢刻技艺的提高却使得宝石本身的光亮盖过了金匠的手艺。正如插图（图 13）所展现的那样——古朴华美的手稿边缘共有十个吊坠，包含一个十字架、三个菱形锦簇及若干其他锦簇。至于切割技艺，大约 1400 年，在被称为底托的简易方锥形金属盒上镶嵌尖琢型钻石是十分常见的。在"埃斯泰尔戈姆耶稣受难像"（Calvary of Esztergom）的摆件上，这种镶嵌物被用作钻石钉，将耶稣的手臂和脚钉在十字架上（图 16）。该摆件为佛兰德女伯爵玛格丽特三世在 1403 年元旦赠予"勇敢的"菲利普二世的新年礼物[15]。1420 年，出现了碗状圆底托，这种形式一直沿用至 15 世纪中期，例如"好人"菲利普三世的水晶杯，其杯脚及杯盖上的钻石装饰就镶嵌在这种底托上（图 9）。底托的圆形边缘随后演变为十字花、三叶草及多叶形状，这些形式一直沿用至 1540 年，随后花瓣开始出现于文艺复兴装饰风格中[16]。

图 13（上）：古朴的手稿边缘（约 1500 年）展示着十字架、胸针及那时的法国流行的珍珠宝石锦簇吊坠。

图 14（对页上）：勃艮第的玛丽，"大胆的"查理之女，她生前是最伟大的瓦卢瓦王朝女性继承人。其冠冕及衣袖处均有尖珠型钻石装点，项链配有菱形吊坠。

图 15（对页下）：勃艮第的玛丽的金戒指（1477 年）。字母 M 由拱形钻石组合而成，代表其名 "Mary" 同时或暗指她的另一个名字 "圣母玛利亚"。

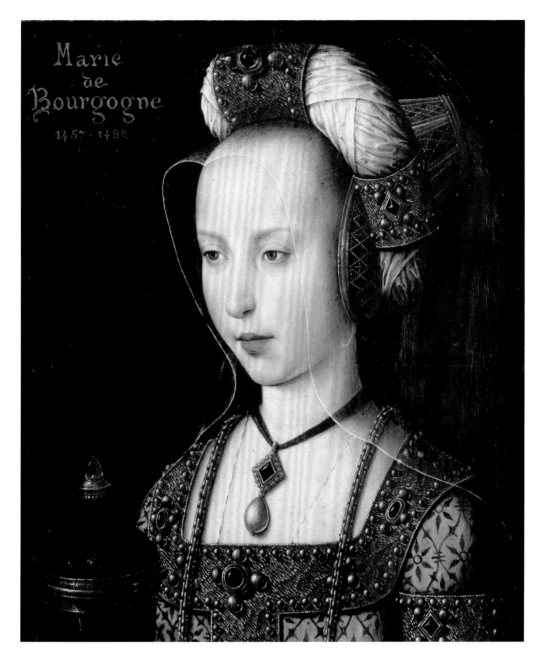

图 16："斯泰尔戈姆耶稣受难像"的摆件，由佛兰德女伯爵玛格丽特三世在 1403 年元旦赠予"勇敢的"菲利普二世，可能出自赫尔曼·吕塞伊（Herman Ruissel）之手。细节处可见将耶稣钉于十字架上的便为镶嵌在金属盒底托上的尖琢型钻石。

法兰西、低地诸国及英格兰的王室陈列

除了为法兰西及低地诸国工作三十余年的宫廷金匠赫尔曼·吕塞伊，这一时期几乎再无其他金匠留名史册。"勇敢的"菲利普二世及其妻子佛兰德女伯爵玛格丽特、查理六世、贝里公爵约翰、奥尔良公爵路易及其妻子瓦伦蒂娜·维斯孔蒂均任命吕塞伊为其打造顶级珠宝。他们十分信任吕塞伊，都将顶级钻石的琢刻工作交给他，其中就有1398年（见第30—31页）为"勇敢的"菲利普二世打磨的赫赫有名的"三兄弟"（Three Brothers）钻石。除此种不加任何其他修饰的上等宝石饰品外，其余珠宝（尤以巴黎式为首）均由大量具象的装饰图案构成，包含世俗、宗教、自然及纹章元素，例如雕、隼及飞翔的雄鹿。这种在珐琅彩金底座上镶嵌了凸面彩色宝石与钻石的首饰，以牛津大学新学院（牛津大学历史悠久的学院之一）设计的"天使报喜珠宝"（图17）为主要代表。在一份支付授权文件上详细记录了1401年4月13日及1402年9月2日至5日期间，供应给"勇敢的"菲利普二世的宝石套装及写实图案饰品的数量[17]。法兰西金匠精湛的技艺经过难以估量的赞助规模被推至新高度，而1392年10月出台的法兰西王室条例则承认"在这个无与伦比的城市，人们是何等地拥戴王室的'显赫地位与名望'"。

图17：在这件珠宝中，王冠状的伦巴第字母 M 展现了天使向圣母玛利亚报喜的场景（约1400年）。该珠宝被熟知为"天使报喜珠宝"。19世纪时，罗马古董商卡斯泰拉尼（Castellani）曾仿制该作品。

这些被当作珠宝来佩戴的钻石曾用作婚礼及洗礼仪式上的赠礼及新年礼物互赠，也用于缓和外交关系，还用作贷款抵押物，并且也被视为宗教圣物或是传家宝代代相传。就像1371年流传下来的，法兰西国王查理四世遗孀让娜·德埃夫勒留下的一颗小钻石，是其兄纳瓦拉国王腓力三世（Philippe Ⅲ）所赠，这颗钻石"他自己从未佩戴过，因为它曾属于他们的父王"[18]。分期付款是常见的付款方式，且由于买来之后不久便被传给下任，珠宝在尾款结款期限前就几经易主。王室有将个头最大、成色最佳的钻石以王室成员的名字命名的传统，凸显了钻石作为显赫地位之象征的尊贵地位，比如贝里公爵约翰的大规模藏品中就包括尖琢型的"圣路易"（St Louis）、数个菱形刻面汇于一点的大尺寸钻石"沙特尔"（the Chartres，由沙特尔教堂教士赠予贝里公爵）、"西西里王后"（the Queen of Sicily）、"佛罗伦萨之镜"（the Florentine Mirror）、"贝里尖钻"（the Berry Point-cut）以及"热那亚方钻"（Genoese square）[19]。这些珠宝也令人联想到其他一些藏品，例如品位不俗的林堡兄弟（Limbourg Brothers）在巴黎雀巢酒店（Hôtel de Nesle）及位于耶夫尔河畔富丽堂皇的宫殿收集素材制作而成的《贝里公爵的豪华时祷书》（Très Riches Heures du Duc de Berry，图18）。

这些珠宝主要用在王室节庆日、竞赛、婚礼、洗礼仪式、郊游及重大仪式等场合，以彰显佩戴者的权力及社会等级。尤其引人注目的是，1389年，巴伐利亚的伊萨贝尔（Isabeau）在加冕为法兰西国王查理六世王后之日，以一身华丽的加冕礼长袍现身于巴黎街头，其头饰与领口处的数颗钻石熠熠生辉。据作家傅华萨（Jean Froissart）描述，从圣德尼门（Porte Saint-Denis）到塞纳河畔的街道上，身着红衣与绿衣的市民分排成两列，面对面立于街道两旁，倾听扮成天使的孩童的合唱。街上挂满花毯，上面的图案讲述着一些英雄故事。王后由瓦卢瓦王室亲眷、御马的骑士以及珠光宝气的贵妇团护送，穿过一些真实静态表演的街道（Tableaux Vivants），一路向着塞纳河上挂满蓝色塔夫绸和金彩蓝旗的大桥行进。行至桥头，从巴黎圣母院高塔缓缓降落的"天使"向她问好，为其戴上王冠后又迅速回到原处，令人惊叹不已。更加出其不意的是，一位杂技演员突然出现在高耸的屋顶上，并踩着固定在街道之上、建筑之间的绳索凌空行走。主教堂的加冕礼结束后，这绵延而重大的一天尚未结束。点燃的蜡烛一路照亮从教堂回到王宫的道路，王宫里等待着她的是王室晚宴及更加壮观的表演。除此之外，1454年"好人"菲利普三世抵达法兰西里尔（Lille）时以及1468年"大胆的"查理与英格兰国王爱德华四世（Edward Ⅳ）的妹妹、约克的玛格丽特（Margaret of York）在布鲁日成婚时的盛况则将王室崇尚极致奢华这一传统推至高潮。这些普天同庆、铺张奢华的盛大节庆使得统治者与民众欢聚一堂，彰显社会各个阶层都极力推崇的气派与显赫，与民生凋敝的中世纪时期形成鲜明对比。

豪华夺目的宫廷生活不仅出现在法兰西国王及勃艮第公爵中，在跨越英吉利海峡与之隔岸相对的英格兰也在同步上演。在那里，理查二世（Richard Ⅱ）掀起一股震惊世人的哥特式奢华之风。他华丽的穿着打扮甚至成了诗歌创作的灵感来源，例如匿名诗《三个年龄的议会》（The Parlement of The Three Ages，约1370—1390年）中，少年的形象（the figure of Youth）便被刻画为身着金线纹饰的绿衣搭配"数颗价值不菲的钻石装点的衣袖"[20]。理查二世被罢免之后，1399年，兰卡斯特的亨利四世（Henry Ⅳ）继位，他也认同保持王室气派对于巩固王权十分重要。在其孙亨利六世（Henry Ⅵ）在位期间，威尔士亲王威斯敏斯特的爱德

华（Edward of Westminster）的私教、财政大臣约翰·福蒂斯丘爵士（Sir John Fortescue）宣称王室奢华同样也是王权本身的重要属性。他曾说："作为一国之主，拥有如此规模的宝藏无可厚非，或建造新的建筑令他自己快乐并彰显高贵，或为维持王室气派而购买华贵的服饰、昂贵的钻石及其他珠宝及装饰物。通常王庭也需要悬挂气派的帷幔与王袍。若王庭奢华尽失便不可称之为王庭，居住其中的国王也非国王，而是穷困潦倒受人奴役的下等人。"[21]

图18：林堡兄弟1416年所绘的《贝里公爵的豪华时祷书》。图为贝里公爵约翰的庭院，可见身着春季华服的出游队伍正穿过环绕里永（Riom）宫殿的小树林。

图 19（上）：画中场景描绘了所罗门为其母拔示巴（Bathsheba）戴上王冠（约 1480 年绘制），周围是背靠阿拉斯挂毯的侍从。此番盛景令人联想到所罗门在统治以色列期间尽人皆知的奢华。

图 20（对页）：英格兰国王亨利四世之女——布兰奇公主与王权选侯路德维希三世大婚时所戴王冠，1402 年。

王冠及其他头饰

　　最能彰显地位的珠宝莫过于国王及王后所戴王冠（图19）。14 世纪，钻石开始成为珠宝设计的元素之一，通常被设计为代表王室及王公贵族的三叶草花饰或小百合花簇。最早的王冠可能是 1328 年法兰西王后勃艮第的让娜（Jeanne of Burgundy）所戴王冠，表面的六十三颗尖晶石、四十五颗祖母绿以及九十颗珍珠之中镶嵌着四十八颗尖琢型钻石。该王冠也出现在其孙查理五世[22]1379 年的藏品清单中，为其五十五件头饰中的一件。最惊艳的要数 1352 年热那亚商人文森特·洛梅林（Vincent Loumelin）所供饰品，其外壳镶满大小不一的祖母绿、尖晶石及十四个珍珠簇。这十四个珍珠簇又被设计为两种造型，其中七簇镶嵌于一颗钻石周围，另七簇则在十四颗钻石镶边的红宝石上[23]。流传下来的藏品中最负盛名的王室王冠则是由亨利四世之女英格兰的布兰奇公主（Princess Blanche）与王权选侯路德维希三世（Ludwig Ⅲ）在 1402 年大婚典礼时所戴的王冠。王冠底座由多个六边形环扣并排相连而成，各六边形以红色或蓝色珐琅包边，红蓝环扣交替出现，而红蓝底色之上又以五瓣白色珐琅花进行点缀。每个六边形中央均镶有一颗蓝宝石，六角处有红宝石与尖琢型钻石交替装点（其中八颗钻石为仿制品），每颗钻石周围还有四颗珍珠环绕。高低错落的尖锥形小柱镶满宝石花，附于窗格式环形底座之上，象征着错综复杂的哥特式建筑高耸的塔尖（图20）。另一顶金王冠同样华丽非凡，冠壁缀有七个花饰，共镶嵌有五十九颗尖晶石、三十七颗蓝宝石、七十二颗钻石以及一百七十三颗珍珠。在 1411 年，阿基坦公爵路易将该王冠抵押给商人戈

万·特伦特（Gauvain Trente）[24]。约克的玛格丽特将她的还愿王冠由传统花饰翻新为最新款式。王冠中央花饰上方的冠尖处，创造性地出现了五瓣玫瑰形态的钻石（图21），据说这也是这一工艺现存的最早例证[25]。其中心花饰下方则是位于冠座中央的约克白玫瑰，玫瑰中有四个呈十字摆放钻石小十字架，菱形切割钻和桌形琢型钻石交相辉映[26]。

　　为彰显身份等级，所有出身尊贵的女人都会把各式各样的装饰物戴在头上。也正因如此，由于年轻的巴伐利亚的伊萨贝尔（Isabeau de Beauvau）贵为王后，因此查理六世赠她之物中最重要的一件便是由埃内坎·维维耶（Hennequin du Vivier）打造的一件"精制冠帽"，"九十三颗钻石镶于珍珠、尖晶石及蓝宝石之间，彰显出十足的雍容华贵"。该冠帽原为查理五世的藏品，后由查理六世继承[27]。其他一些用于装饰帽子（即与高挑眉形搭配的"礼堂帽"或喇叭帽）的珠宝则以各式珐琅金饰及花朵底饰搭配珍珠、钻石以及彩钻组合而成。安茹的勒内曾赠送给伊萨贝尔及一位王室女性亲眷的一些束发带或花冠上也使用了类似的珠宝装饰，除此之外还镶有桌形琢型钻石及红宝石[28]。

图 21（上）：1468 年，约克的玛格丽特为圣母玛利亚雕像捐赠的王冠，王冠底座上呈十字摆放的小十字架内及白玫瑰上方的玫瑰饰物中镶有钻石。

对于"大胆的"查理而言，经过精心剪裁与珠宝装点的帽子毫无疑问是崇高等级的象征。他将帽子及其他珠宝视为彰显气势的重要物件，即便上战场也随身携带。因此，1476 年，当查理在瑞士格朗松战役（Battle of Grandson）中败于瑞士及洛林盟军时，这些胜利者从他那里缴获大量战利品，其中就包括他的珠宝。从一些意义重大的物件的水彩画中可以看到他的帽子十分隆重，镶有一圈一圈的珠宝链条（图 22），并搭配精妙绝伦的羽饰。包裹住羽毛根部的饰针底部"铺满黑色天鹅绒，上有两颗盾牌形状的大尺寸钻石、一颗上等桌形琢型钻石、七颗大尺寸桌式及两颗圆形巴拉斯红宝石、三颗超大尺寸珍珠以及一百四十六颗其他上等珍珠"（图 23）。萨伏依公爵腓力二世（Philip II，Duke of Savoy）的羽饰大小虽不及此，但仍然彰显出勃艮第王室的奢华——"底部镶有四颗大珍珠、一颗拱背式钻石及一颗圆形尖晶石，八颗小珍珠悬挂在羽毛上"[29]。

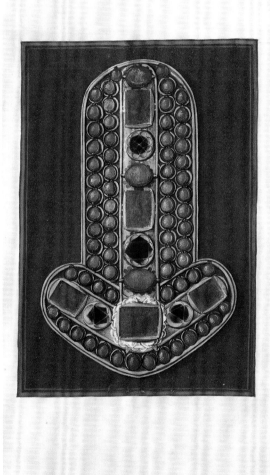

图 22（左上）："大胆的"查理的礼帽，珠宝镶嵌而成的链条一圈一圈装饰其上并配有羽饰，羽饰饰针镶满尖晶石及珍珠，缝隙处有尖琢型钻石点缀。这幅水彩画也刻画了"三兄弟"钻石。

图 23（右上）："大胆的"查理帽子上的羽饰，镶有罕见大尺寸尖晶石、珍珠及尖琢型、桌形琢型及盾型切割钻石。

项饰

　　佩戴项饰对于王公贵族而言就如同佩戴嘉德绶带或金羊毛勋章一样常见（图24），但在18世纪之前，镶嵌贵重钻石的项饰并不多见。那时的项饰常自带纹章和徽章，例如法兰西的查理六世的"金雀花鳕鱼"[30]，勃艮第公爵"无畏的"约翰的木工刨（图1），以及贝里公爵约翰的大熊饰徽[31]。这些昂贵的项饰都是十分私人的物件，不仅彰显持有者的地位，更将本人与富于深意的图案相联系。项饰也同时被赋予政治职能，可作为友谊的象征赠予盟军及来使。在意大利，最昂贵的项饰当数佛罗伦萨银行家皮耶罗·迪·科西莫·德·美第奇（Piero di Cosimo de Medici）的那一件：其表面为珐琅质缠绕曲线图案，镶有二百五十四颗珍珠、二十七颗尖琢型钻石及二十七颗杏仁形红宝石，并搭配有安茹的勒内赠予的帆船型珍珠珐琅吊坠[32]。另外还有亨利四世传给其子亨利五世（Henry V）及其孙亨利六世（Henry VI）的华丽项饰：其主体由六个羚羊图案与八个珐琅彩金王冠构成，两种图案交替出现。羚羊为博亨家族的饰徽野兽，象征着亨利四世第一任妻子玛丽·博亨（Mary Bohun）。王冠上刻有"忠贞不渝"，并且"镶有两颗大钻石，分别为桌形琢型和尖琢型"[33]。

图24（上）：勃艮第公爵"好人"菲利普。他头戴珍珠钻石帽及配有金羊毛吊坠的项饰。罗希尔·范德魏登（Rogier Van der Weyden），1429年。

"大胆的"查理的项饰下悬挂的叶饰（图 25）代表着哥特式自然主义；项饰上有二十四簇珍珠簇（每三颗一簇）以及二十六颗分散的珍珠，珍珠间镶有十二颗未雕琢的尖琢型钻石[34]。他的另一条项饰则"以泪滴为形，用三颗钻石、三颗红宝石及六颗珍珠点缀"（图 26），再现了杰弗里·乔叟（Geoffrey Chaucer）长诗《特洛伊罗斯与克莱西达》(*Troilus and Cressida*) 中的"回忆翻涌，泪湿衣襟"（第五册，第 1688 —1691 行），其很可能用于服丧期佩戴以表达默哀之意[35]。同样饱含眷恋之情的，还有布列塔尼公爵弗朗索瓦二世（Duke François II of Brittany）为其情妇安托内特·德·梅涅莱（Antoinette de Maignelais）打造的这款非常昂贵的项饰：由十九个钻石情人结（修士之结）相连而成，十六个大写字母"A"散落其中；中央的花结以一颗大桌形琢型钻石为中心，钻石斜切面旁边挂着三颗珍珠；另外十八颗钻石的切割方式也各有不同——六颗桌形琢型、三颗盾形、四颗菱形、两颗"盒式"，以及拱形、心形、尖琢型各一颗[36]。1468 年，弗朗索瓦遭遇金融危机时，梅涅莱归还了项饰以帮助他渡过难关。1445 年，亨利六世的司库休德利（Sudeley）勋爵在金匠聚集地科隆时，从约翰·罗林斯韦德（Johann Rollyngswerd）处获得了一件珠宝项饰并赠予亨利六世，虽然这只是件普通饰品，但同样价值非凡：上面镶有十颗钻石、七十颗红宝石以及一百四十颗大珍珠，吊坠上也镶有一颗菱形切割钻石、三颗上等红宝石以及三颗大珍珠[37]。若项饰上的宝石被挪作他用，这件饰物多半会被处理掉。因此，这些令人惊叹的珠宝大多只是惊鸿一瞥便不复存在。

图 25（左上）：从这幅《德文郡狩猎挂毯》(*Devonshire Hunting Tapestries*，约 1430—1450 年）细节处可见，一名贵族出身的追求者戴有一件配有叶饰的项饰。"大胆的"查理也拥有一件相似设计并镶有多颗尖琢型钻石的项饰。

图 26（右上）：从《德文郡狩猎挂毯》细节处可见，一位男子穿戴的外衣上绣满泪滴形图案。镶有钻石、红宝石及珍珠并有泪滴设计的项饰为"大胆的"查理所有。

吊坠

　　吊坠一般附着于项饰及链饰上，随着切割工艺的进步，钻石更加频繁地出现在各个藏品中，其镶嵌方式大体可分为两种，宗教式及世俗式。镶有宝石的宗教吊坠在贝里公爵约翰的藏品中非常具有代表性，既有圣骨匣状也有十字架形（图27）。在《圣母玛利亚与圣子》[Virgin and Child, 从画家让·格朗谢（Jean Grancher）处购得] 这件多彩浮雕首饰的中央，有一个体积甚小但珍贵无比的圣骨匣，周围有两颗红宝石环绕，其中一颗便是著名的"红宝石穗"（Ruby of the Ear, 1409 年贝里公爵夫人所赠新年礼物），另有数颗钻石，"其中四颗采用风靡一时的半菱形（例如三角刻面）切工进行琢刻，两颗来自王冠形胸针上五颗钻石中最小的两颗，还有两颗桌形琢型钻石"[38]。"大胆的"查理拥有的十字形吊坠最为夺目，它镶有一颗大尺寸桌形琢型钻石，周围有十六颗多刻面小钻以及一颗水滴形珍珠。另外两个吊坠分别镶有六颗桌形钻以及五朵花饰，每朵花分别由四颗小钻石以及四颗小珍珠组成[39]。苏格兰国王詹姆斯三世（James III）没有佩戴更为人熟知的拉丁式和希腊式十字架，而是选择了与其个人特质更为符合的T形十字架，以表达对圣安东尼（St Antony Abbot）的赤诚之心。十字架上有"一颗钻石、一颗红宝石以及一颗格蕾泰尔珍珠"（1488 年）[40]。另一件镶有钻石花押字 IHS 的吊坠可见于萨伏依公爵菲利贝托一世（Philibert I）1482 年逝世时的遗嘱中，如锡耶纳的圣伯尔纳定（St Bernardino of Siena）传教时所言，同样带有宗教意味[41]。1469 年，公爵弗朗索瓦二世赠予妻子玛格丽特一件大的心形钻石吊坠，吊坠下用细长的情人结链条挂着圣玛格丽特（St Margaret）的形象，以赞颂妻子的虔诚与长久的忍耐[42]。

　　不过，最气派的当属那些镶嵌有珍贵钻石的吊坠，例如"著名的佛兰德尖晶石"[43] 以及瓦伦蒂娜·维斯孔蒂藏品中的"镶金底座"的大钻石。当时，最伟大的金匠赫尔曼·吕塞伊及最伟大的鉴赏家贝里公爵让（Jean）强强联手，成为这一领域的弄潮儿。贝里公爵最昂贵的三颗钻石，即八面体贝里尖钻、贝里平面镜以及佛罗伦萨之镜，被镶在一颗名为"二百一十二克拉的贝里公爵"尖晶石的周围。这是他手中最出色的一颗尖晶石，与"贝里公爵的大珍珠"挂在一起[44]。这一系列的吊坠饰品包括1398 年吕塞伊为"大胆的"查理所打造的"三兄弟"珠宝在内，将王室对雍容华贵的渴求表现得淋漓尽致[45]。对于当时的欧洲而言，一只三十克拉的钻石堪称钻石之最，而这件作品也是在那一时期唯一有明确出处的钻石饰品。钻石四面均经过琢磨，嵌于三颗冠面呈长方形的桌形琢型尖晶石以及四颗大珍珠中央（图29）。三颗尖晶石均达到

图27（上）：法兰西圣骨十字架（约 1350 年），镶有一颗红宝石、数颗尖晶石以及四围珍珠簇。盒状底托上镶有金色的仿制尖琢型钻石，可以佩戴在脖子上，也可用于念珠串上。

七十克拉，这件珠宝也因此而得名"三兄弟"。"大胆的"查理继承了"三兄弟"吊坠，但在1476年格朗松战役中，由于查理战败，吊坠被瑞士俘获。之后，这件珠宝被银行业富格尔家族（Fugger）购得，并于1551年最终被英格兰国王爱德华六世（Edward VI）买下用于制作王冠。在那之后，女王伊丽莎白一世（Queen Elizabeth I）在国事场合亮相时将它作为吊坠佩戴，而后她的继任詹姆斯一世（James I）则将它别在帽子上（图28）。心形切割也是一种重要的琢刻方式。"大胆的"查理在格朗松战役被缴获的珠宝中也包括一件尖端镶金并以两颗珍珠作配饰的心形切割钻石。

15世纪中期，风靡一时的低领剪裁裙装出现，贵妇为显示其上层社会地位，一定会佩戴有吊坠的装饰性项链。勃艮第鉴赏家奥利维耶·德拉马尔什（Olivier de la Marche）在他的作品《女士的胜利》（Triomphe des Dames）中就对女士的形象做出了以下描述：她的脖颈处佩戴的吊坠价值一万达克特（Ducat）铸币，十分惹眼。经抛光后的钻石通体透亮外观精美，并被精心琢刻形成数个刻面，浑然天成令人难以分辨究竟是钻石本身品质上乘还是琢刻技艺过于精湛。其无可挑剔的品质保护着佩戴者身心平安不受伤害，花费再多也不过分[46]。

1391年，勃艮第公爵夫人佛兰德的玛格丽特曾赠予其侍女一只"雏菊吊坠，白色的花瓣上镶有一颗钻石及两颗尖晶石"[47]。玫瑰贵为百花之王，也是贝里公爵约翰（图5）心头之最。他至少拥有两只玫瑰花形吊坠，一只镶有一颗尖琢型钻石，另一只镶有一颗大尺寸平面镜型圆钻，于1412年用作抵押品[48]。还有一些其他的主题设计的吊坠也被记录在册：布列塔尼的玛格丽特曾经佩戴过一件白鼬钻石吊坠，而布列塔尼的国徽就是白鼬；翼型或加冕用心形钻主要出现在14世纪，延续了其象征爱情的传统[49]。

图28（顶部）：英格兰国王詹姆斯一世的帽子上缀有"三兄弟"珠宝。1551年，这件珠宝被卖给英格兰国王爱德华六世，后作为吊坠由詹姆斯继任女王伊丽莎白一世继续佩戴。

图29（上）："三兄弟"珠宝（1398年），因由三颗七十克拉的桌形琢型尖晶石组成而得名，其上镶有四颗东方珍珠以及一颗三十克拉的尖琢型钻石。

饰针

饰针是服装中十分重要的一个配件。饰针原本用于收紧裙装或短袍的领口，从基础的环形发展成为多种具有装饰性功能的设计，并逐渐利用珍珠、钻石和彩色宝石来凸显佩戴者地位（图 31）。这些珍贵的宝石常成簇出现，例如英格兰国王爱德华三世（Edward III）之子、黑太子爱德华（Edward, the Black Prince）1350 年获得的一件珠宝：大尺寸钻石位于中央，四周彩色宝石与珍珠交替出现。也有纯白色的饰针，此种饰针上的钻石周围则是数颗珍珠或是一些小钻石。簇状钻石设计渐渐被新的形式所替代，其中较早出现的是一些纹章符号。饰针在官方活动场合随处可见，可暗示政治力量或属于某个特殊组织成员。由于与特定人群和地点相关，饰针最早可追溯至罗马帝国时期，那一时期的飞鹰型钻石饰针被视为上层阶级的象征。例如阿尔玛涅克的让娜（Jeanne of Armagnac）的代表布列塔尼领

图 30（下）：饰针（约 1430—1440 年），刻画了年轻的恋人们相聚在花园的场景，将法式珐琅彩金工艺与珍珠、凸圆红宝石以及三角形钻石融合在了一起。

图 31（对页）：佩戴披肩饰针的米兰公爵夫人比安卡·玛丽亚·维斯孔蒂（Bianca Maria Visconti）。饰针上镶有数颗珍贵的宝石以及珍珠，镶嵌位置令整体看起来像是一位天使或是妇女手握宝石的样子，意大利文艺复兴早期的珠宝偏重这种设计。

地的白鼬徽章（1376 年），上面镶有数颗珍珠，白鼬佩戴的领圈上还镶有七颗钻石。同样地，赫尔曼·吕塞伊从热那亚商人皮埃尔·法蒂涅（Pierre Fatinet）处购得一颗钻石并镶嵌在带翼雄鹿佩戴的王冠上，后被法兰西国王查理六世征用为个人徽章并佩戴在紧身衣上[50]。镶钻百合花（法兰西君主的徽记）毫无疑问是王室的象征，路易十一（Louis XI）的王后——萨伏依的夏洛特（Charlotte of Savoy）就曾佩戴过。海峡对岸，敌对的约克家族和兰卡斯特家族在玫瑰战争（Wars of the Roses，1455—1485 年）期间分别使用白玫瑰和红玫瑰标识其身份。约克公爵理查（Richard）的金饰针是"在白色珐琅玫瑰花饰底座上镶嵌了一颗夺目的尖琢型钻石"，于 1452 年抵押给了约翰·法斯特尔夫爵士（Sir John Falstof）[51]。

镶有红色宝石并且配有数颗小钻石的心形饰针通常用来表达风靡一时的宫廷之恋这一文学主题。但布列塔尼的玛格丽特在 1469 年留下的这些钻石却是例外。"金属心形底托上镶有一颗耀眼的菱形琢刻钻石、一颗三足型桌形琢型钻石（组成其名字的大写首字母 M）、一颗大尺寸红宝石以及三颗珍珠"[52]，它令人联想到著名的中世纪法国宫廷文学作品《玫瑰传奇》中的诗句（第 4385 行），"真心如钻石一般坚硬，历久弥新，无所畏惧"。另一枚饰针（1430—1440 年）则可以代表勃艮第的象征之风：篱笆圈起的花园之中，一对洋溢着爱意的年轻人，身着蓝色服饰并执手立于橡树前。其佩戴的饰针上缀有数颗珍珠和宝石，其中包括一颗尖琢型钻石（图 30）。

一枚金色饰针上，一位妇女坐在果园中，手捧一颗大钻石，钻石周围有数颗尖晶石、蓝宝石、珍珠及两颗钻石环绕，表达出对花园的热爱和对自然的亲近。这枚饰针是"勇敢的"菲利普二世赠送给其侄子查理六世的新年礼物，这种设计便是国际哥特式艺术（International Gothic）风格的特色。同样受宫廷青睐的设计还包括钻石点缀的花形饰针。1412 年，吉耶纳公爵路易曾在巴黎的金匠兼珠宝商让·哈斯奎恩（Jean Hasquin）那里购买过两枚饰针赠予其妻及其妹夏洛莱公爵夫人（the Duchesse de Charolais）。这枚饰针是将"两颗钻石制成花朵的样式，每朵花的花瓣由四颗钻石组成"[53]。布列塔尼的玛格丽特的个人徽章是一枚金色雏菊（雏菊又名 marguerite，因而暗指其名）饰针，镶有一颗大尺寸尖琢型钻石并配有两颗珍珠吊坠[54]。

1482 年，勃艮第的玛丽坠马身亡后，在其遗物中有多枚花朵饰针，包括了当时存在的多种钻石切割样式。红白珐琅三色堇上镶嵌着大小不一的六颗桌式钻石，还有一枚"玫瑰饰针镶嵌有两颗尖琢型钻石及两颗拱形切割钻石，侧翼还有一颗盾型钻石。两组钻石之间是四个分别镶嵌有五块红宝石的白色珐琅玫瑰花饰，下方坠有三个吊坠，以珍珠作悬绳，每个吊坠均由一颗梨形珍珠、四颗红宝石以及若干白色珐琅玫瑰花饰组成"。一枚玫瑰花饰中心由十二颗钻石组成，边缘处装饰有三颗尖琢型钻石、两颗凸圆红宝石以及一颗祖母绿，下方坠着的两颗珍珠中间还夹着一颗菱形钻石。另一枚风车型饰针上有一枚十五瓣型钻石玫瑰花饰，边缘处有八颗小的桌形琢型钻石[55]。动物元素也是特征之一，例如这只拖着金马车的金野兔便用钻石代替眼睛。这件珠宝记载于 1476—1477 年，是来自法国奥弗涅（Auvergne）勒皮（Le Puy）的金匠雷蒙·博东（Raymon Bodon）之子——腰缠万贯的卡农·雅各布·博东（Canon Jacques Bodon）获得的抵押品之一[56]。

图 32（上）：佛罗伦萨公爵皮耶罗·德·美第奇（Piero de Medici）及其继任代代相传的钻石戒指，代表着勇气、韧劲与毅力，象征着美第奇家族超越其他亲王的决心。

腰绳、手镯、戒指及其他配饰

腰绳（Girdle）也是服饰的一部分，如奥利维耶·德拉马尔什在其作品《女士的胜利》中对女士的形象做如下描述："女士们更衣过程中的最后一步，便是用腰绳缚住腰身。腰绳这种配饰使得佩戴者大为生色，尽显高贵又不失亲和。"他的描述很容易令人联想到法兰西王后萨伏依的夏洛特。夏洛特王后曾在 1483 年佩戴过一条"金边黑缎带腰绳，其中一些金裱带组成了钻石字母样式，两颗饰钉状如镶钻玫瑰花饰，另有一颗饰钉位于腰封另一端，搭配由数颗钻石组成的玫瑰花"[57]。

手镯的历史由来已久，自古代问世后又销声匿迹了很长一段时间，于1390 年宽袖之风流行时重现于北欧地区。由于品质达到宫廷珠宝级别，无论男女，竞相佩戴手镯，偶尔还会出现一些镶钻手镯。早些时候，如 1394 年，金匠汉斯·克罗伊塞特（Hans Croist）为奥尔良公爵路易打造的一款手镯上便镶有一颗全新琢刻的钻石，手镯上有"如红宝石般晶莹剔透"的珐琅，同时还以另外六种纹章用色上釉[58]。1422 年，英格兰的亨利五世获得了若干贵重的手镯，其中一件配有红宝石指环挂饰，另一件则镶有钻石花饰，还有一件是象征性的设计。最后一件手镯以白色珐琅作为底色，上面绘有两位手捧钻石花朵、头戴冠冕的淑女，冠座镶钻，在彩色宝石及珍珠中熠熠生辉[59]。

手镯与戒指一样状如圆环，象征着无穷无尽的爱意。因此，在法兰西宫廷侍臣兼作家安东尼·德·拉·塞尔（Antoine de La Salle）眼中，手镯便成为宫廷之恋的象征。在他的小说《圣徒小约翰》(*Le Petit Jehan de Saintré*，1459 年）中便描述了这样一番场景：一位高贵的女士任命约翰（Jehan）为其贴身骑士，为了指导他学习骑士风范，这位女士令其购买了一件手镯，上有以珐琅液书写的誓言及大量宝石镶嵌。而现实世界中，布列塔尼的弗朗索瓦二世所佩戴的手镯上也在镶嵌了若干桌式及尖琢型钻石中间刻有"致生命"（A MA VIE）字样。不仅如此，他还在手链上配有一颗金色心形吊坠，上面镶有菱形琢刻钻石并在背面用黑色珐琅液刻画出泪珠图案以表达哀伤之意。其藏品中的另一件手镯也同样具有象征意义。手镯上附着有一枚戒指，并镶有两颗盾型琢刻钻石以及一颗红宝石，手镯下方悬挂着一颗梨形珍珠，或为一件表达爱意的礼物[60]。1443 年，萨伏依公爵路易（Louis, Duke of Savoy）赠予萨克森公爵贝尔纳德四世（Bernard IV，萨克森 - 劳恩堡王朝的贝尔纳德二世与萨克森王朝的贝尔纳德四世为同一人）的手镯配有钻石及红宝石指环吊坠，其通过双重象征传递着浓浓的友情[61]。

威廉·郎格兰（William Langland）在 1377 年创作的寓言诗《耕者皮尔斯》(*The Vision of Piers Plowman*）中，刻画了象征财富的拟人化形象"贿赂女士"（Lady Mede）。她佩戴的戒指镶有"挚爱普瑞儿丝的钻石"（Diamantz of Dearest Pris），暗指英格兰国王爱德华三世的情妇爱丽丝·普瑞儿丝（Alice Perrers）。作为展示钻石的传统配饰，戒指多用于礼物进行互换或是作为传家宝代代相传。法兰西国王查理五世便从其父约翰二世那里继承了两枚戒指，其中一枚尺寸稍大，品相俱佳，另一枚成色稍次[62]。尖琢型切割仍被青睐，尤以佛罗伦萨的美第奇最常使用。他的族徽便是一枚尖琢型钻石戒指（图 32）。圆环结构稳定坚不可摧，再搭配具有硬度之最的天然性质的钻石，钻石戒指顺其自然地成为忠贞不渝的象征，成为王室婚嫁礼仪中不可或缺的一部分。如图 33 所示，微缩画记载了 1475 年阿

拉贡的卡米拉（Camilla d'Aragona）与佩萨罗及格拉达拉勋爵科斯坦佐·斯福尔扎（Costanzo Sforza）在佩萨罗举行的婚礼。

15世纪的前几十年，贵族佩戴的戒指上出现了许多新的钻石切割样式，与此同时，底托也出现了花形配饰，尤其是玫瑰花，代替了素净的黑色珐琅底托。贝里公爵约翰在1414—1416年从财政大臣弗朗索瓦·德·内里（François de Nerly）之妻处获得了一枚钻石戒指。这枚金色指环上镶嵌着一颗大尺寸钻石，冠面如镜面一般，通体蓝色珐琅上釉，其上镶有晶莹剔透的玫瑰红宝石。1414年，他又从赫尔曼·吕塞伊处获得一颗镶嵌在玫瑰形珐琅底托的花瓣内的钻石[63]。这些花饰不仅带有珐琅底托，其花瓣内也镶有钻石。另一枚花饰被赠送给了阿基坦公爵的内侍[64]。后来，它出现在一枚刻有"勿忘我"（forget-me-nots）的戒指上，并镶有一颗大方钻，为阿基坦公爵最喜爱的一款。另有三枚为布列塔尼的玛格丽特1469年的藏品。其中一枚蓝色珐琅指环，镶有一颗刻面形状近似花瓣的钻石；一枚镶有钻石花朵并搭配雏菊点缀，与其名字"玛格丽特"呼应；另一枚"黑色珐琅指环，镶有尺寸稍小的桌形琢型钻石并配有三色堇图案"[65]。安茹的勒内的婚戒采用的是刻面为鸢尾花图案的单颗钻石，这种刻面图案展现了非凡的宝石切割技艺。这颗钻石之前可能属于阿基坦公爵[66]。除此之外，勒内还用钻石象征爱情中的忧郁。他于1452年雇用宫廷金匠约翰·尼古拉斯（Jehan Nicolas）将三枚小尺寸戒指的内外两侧进行雕刻与上釉，并在每一枚上都镶嵌泪滴形钻石。尽管在将情绪寄托于珠宝的中世纪，十指紧扣的图形十分广泛地用于表达爱与信任，但这些图形当中鲜有钻石的影子，唯一例外的是那枚1364年约翰二世传给后世的钻石戒指。戒指上出

图33：图为婚姻之神许门正主持科斯坦佐·斯福尔扎与阿拉贡的卡米拉的婚礼。他手持火炬立于另两支火炬一旁，两支火炬穿于一枚戒指之中，象征着百年好合。

现了双手托住一枚方形钻石的图形。而巴伐利亚公爵阿尔布雷希特四世的这枚戒指（图 34）则是存世罕见的中世纪婚戒。

人们在服饰上追求奢华的渴望贯穿了中世纪的最后两百年，这种渴望同样表现于各类配饰中。配饰与当时上等的钻石一样，主要出自金匠之手。例如，勃艮第的玛丽的镜子不仅镶有珠宝而且暗藏典故：

"这是一块圆形匾，一面是平坦的珐琅彩金质地，诉说着俊美少年那耳喀索斯（Narcissus）的故事；两面均镶有十颗钻石、十颗红宝石以及十颗珍珠。每对珍珠之间以一朵镶有苏格兰珍珠的金玫瑰通过方形小铰链悬挂数朵珐琅小玫瑰。"[67]

上等马匹也是伟大的象征，因而微雕马匹作为稳定王权的标志也被赋予极高的价值。阿基坦公爵藏品中便有马匹的身影。这些饰物镶嵌有九十七颗珍珠、二十三颗尖晶石以及二十一颗蓝宝石，马头上的王冠更是由一颗大尺寸红宝石以及盾型钻石作点缀[68]。

珠宝在中世纪末期仍享有至高无上的地位，但意想不到的是那些宝藏几乎失传，使得当时精英阶层极尽奢华的品位和手工艺人精妙绝伦的手艺无迹可寻。由于战争、死亡、掠夺和流行病的肆虐，大量珠宝与艺术品只是昙花一现，要么惨遭毁灭，要么易主。正因如此，珠宝（尤其是坚不可摧的钻石）携带着厚重而漫长的历史一起销声匿迹，几个世纪之后钻石再度重现，被重新切割及镶嵌，继续为权贵之人所用。经久不衰的法兰西瓦卢瓦王室传统使得钻石永远地成为王权与荣耀的代名词。前朝统治者们未曾如瓦卢瓦君王这般，以钻石的稀有与光泽展露其艺术品位以及远大的政治抱负，而正是这一创新之举使得他们成为传统的开拓者，供未来的君王效仿延续。

图 34：15 世纪后期，巴伐利亚公爵阿尔布雷希特四世的金戒指，原本经珐琅上釉，上有一枚八瓣形玫瑰钻石。

第二章

王之瑰宝

（1500—1600年）

"最令王室贵胄珍视并乐在其中的是这些珍贵的宝石……唯有宝石可与其身份地位相称。"

《君主论》（1532年），尼科洛·马基雅维利（Niccolò Machiavelli）致敬洛伦佐·德·美第奇（Lorenzo de Medici）之作

在 16 世纪的欧洲，从巴塞罗那到哥本哈根，从里斯本到布拉格，从伦敦到罗马，文艺复兴时期的统治者们皆希望自身形象如同钻石一般刚毅、高贵、持久[1]。更有甚者，如巴尔达萨雷·卡斯蒂利奥内（Baldassare Castiglione）在其作品《廷臣论》（The Book of the Courtier，1528 年）中所言，正是借助钻石的力量，亲王们才能在宫廷盛典、饕餮盛宴、接待仪式或比武大会、列队游行等群众围观的场合中脱颖而出，"引来芸芸众生的目光"。因此，君王们竞相占有最好的宝石并雇用艺术家设计能凸显其光辉形象的珠宝。阿尔布雷希特·丢勒（Albrecht Dürer）、洛伦佐·吉贝尔蒂（Lorenzo Ghiberti）、朱利奥·罗马诺（Giulio Romano）、汉斯·霍尔拜因便是当时的艺术家。

16 世纪的切割、镶嵌及装饰工艺

1498 年以后，钻石的供应量有所提升。那时航海家瓦斯科·达·伽马（Vasco da Gama）首次绕过好望角抵达印度，成为欧洲史上从欧洲航海到印度的第一人。1510 年，葡萄牙人在果阿（Goa）建立一处驿站用于珍珠、宝石交易。驿站的建立使得戈尔康达各个矿场的开采活动增加，大尺寸钻石的出产量也不断增多，从当时出现在画像上的贵重钻石及记载下来的钻石数量便可以看出。除此之外，钻石市场从威尼斯扩张到了里斯本。里斯本成了钻石切割工的聚集地，五十三家手工作坊应运而生，雇用的金匠来自世界各地——佛兰芒、意大利、西班牙、法兰西、葡萄牙。由奥格斯堡的雅各布·富格尔（Jacob Fugger）牵头的金融家们纷纷投资宝石与珠宝。钻石从里斯本运往安特卫普，再抵达西欧的商贸中心。得益于 15 世纪勃艮第诸位公爵的资助，风头正盛的安特卫普金匠和切割工们将加工后的宝石出口至意大利的米兰、威尼斯和德国，供应给法兰西国王弗朗索瓦一世（François I）及英格兰国王亨利八世（Henry Ⅷ）[2]。1552 年，代理商托马斯·格雷沙姆先生（Sir Thomas Gresham）为亨利八世之子爱德华六世（Edward Ⅵ）从安特卫普的伊拉斯谟·斯卡特（Erasmus Skates）处购买了"一枚经黑、红、白、蓝四色珐琅上釉的钻石戒指，钻石为桌形琢型，十分华丽"[3]。当时，一颗桌形琢型钻石价值高达两百英镑，尖琢型钻石的价格分别为两百英镑以及五十英镑。经过批示，他将这枚戒指送达伊丽莎白一世手中。意大利商贩们继续活跃在钻石买卖市场。尼德兰总督奥地利的玛格丽特（Margaret of Austria）通过汤玛索·巴伦切利（Tommaso Baroncelli），从安特卫普最优秀的金匠手中获得了许多价值不菲的珠宝[4]。

16 世纪前半叶，钻石琢刻技艺日趋成熟，而在继续沿用尖琢型（图 37）、桌形琢型、三角琢型及拱形切割的同时，全新的玫瑰式琢型（Rose Cut，图 38）初见雏形[5]。在使用这些早期切割形式时，珠宝匠设计了多种切割方式，在遮盖宝石瑕疵的同时增加冠面光滑度以发出更耀眼的光泽。为了让钻石表面具有镜面一般的反射效果，最常见的方式便是在镶嵌之前，在每一颗钻石的底部刷上一层黑箔或类似煤烟或乳香的物质。从一些人物画像中可以清楚地看到，艺术家们的确在绘画中画上了这一层黑色物质，有时还会在钻石周围用发散的白色短线来突出钻石珠宝的光泽。尽管许多彩色宝石仍旧呈天然的（未经琢刻的）半球状，但它们还是会被琢刻，并且和钻石一样在底部刷上黑箔来掩饰瑕疵以提高显色度和光泽感[6]。

与 15 世纪相同的是，宝石镶嵌于封闭式镶座上，镶座边缘被打造为三瓣或多瓣花形，每一瓣又进一步被分成两个部分。"花瓣"下半部分在 1540 年以前无任何装饰，到了 1540 年，为了满足当时精致化的品位需求，这一部分也被饰以雕花及亮色珐琅。对于金匠而言，那个年代缺乏工艺创新，但在雕花、珐琅、锻造以及蚀刻技艺上却可以做到极致。除古罗马灰泥装饰上的"西洋穴怪"（Grotesque）图案之外，阿拉伯式的藤蔓缠枝纹也是一种十分重要的样式。这种样式出现于伊斯兰艺术，最早被威尼斯的金匠所使用。另一种十分重要的图案则是带状纹理。带状纹理于 16 世纪中期传入法国，最初为若干蜷曲的皮带相互交织，后发展成为一种辅助装饰图案。进一步的改良则是将每一件珠宝的背面像正面一样进行细致的装点。这一时期最终结束于尚简之风的兴起。从 15 世纪 80 年代开始，明彩逐渐消失，取而代之的是黑白珐琅，也被称为雕版黑绣（Blackwork）。尽管这一时期的每一件钻石珠宝都代表着崇高地位，但这也表达了明确的文化偏好和精神追求，反映出意大利文艺复兴时期古典的艺术风格与基督信仰的碰撞。

文艺复兴时期珠宝设计中的图案和装饰通过装饰版画在世界各地广为流传。最著名的设计师中有一些是法国人，例如雅克·安德鲁埃·迪塞尔索（Jacques Androuet Ducerceau）、勒内·博伊文（René Boyvin）、艾蒂安·德诺纳（Étienne Delaune）、皮埃尔·沃埃里奥特（Pierre Woeiriot）。除此之外还有来自佛兰芒的汉斯·科莱尔特（Hans Collaert）和伊拉斯谟·霍尼克（Erasmus Hornick）、德国的马蒂亚斯·赞德（Mathias Zundt）、汉斯·布罗萨默（Hans Brosamer）以及弗吉尔·索利斯（Virgil Solis）。《利布里斯-德-帕桑提斯》（*Llibres de Passanties*）则记录了西班牙从 1516 年开始所有提交至巴塞罗那金匠工会进行审核的珠宝。

〔第38—39页〕

图35（左）：女王伊丽莎白一世肖像细节，额头上方由钻石饰链装饰头顶。尼古拉斯·希利亚德（Nicholas Hilliard）绘，1576—1578 年。

图36（右）：匈牙利王后、扎波尧伊·亚诺什（John Zapolya）之妻伊莎贝拉（Isabella）的珐琅彩金戒指，戒指上镶嵌了尖琢型、三角琢型及桌形琢型的钻石（约 1539 年）。

图37（对页）：教皇克莱孟七世（Pope Clement VII）通过本韦努托·切利尼（Benvenuto Cellini）委托弗朗切斯科·巴尔托利（Francesco Bartoli）所绘镶宝扣或祭衣纽扣（1530—1531 年）。纽扣圆心处为一颗尖琢型钻，上方为祈福中的上帝。

图38（上）：萨克森-奥尔登堡公爵弗里德里希·威廉（Frederick William）为纪念手足挚友之情的勋章（Fellowship of Fraternal Love and Friendship，1594 年）。边框顶部及两侧镶有三颗玫瑰式琢型钻石。

法兰西

法兰西的标准是由典型的文艺复兴君主弗朗索瓦一世（图39）建立起来的。意大利金匠本韦努托·切利尼（图37）在当时是一流的手工艺人，不仅受到弗朗索瓦的赞助，同时于1540—1545年受邀到法兰西任职。同期受到邀请的匠人还有莱昂纳多·达·芬奇（Leonardo da Vinci）。与其前任一样，国王将钻石作为礼物奖赏给这些令他十分满意的匠人。财务官弗洛里蒙德·罗伯泰特（Florimond Robertet）的遗孀曾说："弗朗索瓦一世、路易十二（Louis XII）及查理八世所赠三颗钻石皆为无价之宝"[7]。弗朗索瓦一世与其他统治者之间的礼物往来同样十分慷慨：1532年，在加来进行的一场"挚诚协定"（entente cordiale）期间，他将一颗"形似墓冢十字琢刻"的钻石献给亨利八世，并将另一颗"形似矛头的大尺寸上等钻"献给未来的安妮·博林（Anne Boleyn）王后[8]。弗朗索瓦本人则以一颗璀璨夺目而且"绝无仅有的顶级"钻石尽显帝王之姿。1530年，他设立"王冠珠宝"（Bijoux de la Couronne），包括了登记在册为不可剥夺的国家财产的钻石在内，进一步强调了钻石是最能够表现至高无上的王权与荣耀之物。这一系列的藏品主要来源于其首任亡妻布列塔尼女爵克洛德（Claude，图40）。克洛德作为布列塔尼的安妮与法国国王路易十二之女，结婚时从公爵财产中带

图39（对页）：法兰西国王弗朗索瓦一世打造了"王冠上的珠宝"以彰显法兰西君主的权威与荣耀。让·克卢埃（Jean Clouet）所绘半身画像，1525—1530年。

图40（上）：法兰西王后克洛德，1514年与弗朗索瓦一世成婚，从布列塔尼公爵财产中带出若干钻石随嫁。这些钻石于1524年被国王征用以打造王冠珠宝。

出十四颗珍贵的钻石作为嫁妆，其中十一颗被用在一条项链上（图41）[9]。
十一颗珍珠镶嵌于金属细丝制成的项链上，与十个珍珠情人结交替出现。
另外三颗钻石更名为：米兰尖钻（Point of Milan），与另一颗红宝石项链
组成大写字母 A（代指 Anne）；被金银丝花结环绕的六刻面布列塔尼尖钻
（Point of Brittany）；以及热那亚方钻（Table of Genoa）。三颗钻石分别镶嵌
于吊坠上，配有梨形珍珠作为点缀[10]。弗朗索瓦一世在任期内又相继购得
了其他上等的钻石，以不断扩充其藏品。藏品之最当属弗朗索瓦一世的大
方钻（Great Table），这是当时的欧洲已知的最大尺寸的钻石，被他冠以本
人之名。从一幅黑白带状纹理边框的画像中可见，这枚钻石被用作吊坠进
行佩戴。同样令人赞不绝口的还有他的大十字架（Great Cross）：一颗圆钻
与三颗梨形钻上镶有四颗相同大小的钻石，侧边以浮雕珐琅面具、牛头骨
（bucrania）装饰以及叶状涡卷纹包边，下坠有一颗梨形珍珠。弗朗索瓦与
第二任妻子奥地利的埃莉诺（Eleanor of Austria）成婚后，于 1547 年殁，于
是埃莉诺将王冠珠宝送予亨利二世（Henry II），并在 1559 年将一些珠宝
重新分配给他的儿子弗朗索瓦二世[11]。

　　1533 年，凯瑟琳·德·美第奇（Catherine de Medici，图42）与未来的
法兰西国王亨利二世结婚后，越来越多的钻石珠宝闪耀在法兰西宫廷，不
仅因为凯瑟琳继承了佛罗伦萨家族崇尚奢华的品位以及对艺术的兴趣，而
且因为她和她的公公弗朗索瓦一世都深谙光鲜的外表背后的政治意味。她
与公公相处融洽，而作为亲近的象征，弗朗索瓦一世为她颁发了一枚勋
章。勋章整体为一道彩虹，其上所刻希腊语意为"驱散风雨重现祥和之
人"。凯瑟琳接受了这枚勋章并将其作为她的私人纹章[12]。

图41（上）：法兰西王后克洛德的项链，十一颗形态各异的大尺寸钻石镶嵌在金属
细丝项链上，与珍珠情人结交替排列。

图42（对页）：凯瑟琳·德·美第奇，1533 年与未来的法兰西国王亨利二世成婚，
并将王冠珠宝进行重新打造。

1559 年，亨利二世去世之后，凯瑟琳成为摄政王及王太后。法国宗教战争（1562—1598 年）期间，尽管她的三个儿子弗朗索瓦二世、查理九世（Charles IX）以及亨利三世（Henry III）相继执政，但当时的凯瑟琳仍然权倾朝野，其地位无人能及。为了三位儿媳玛丽·斯图亚特（Mary Stuart）、奥地利的伊丽莎白（Elizabeth of Austria）以及路易丝·德·洛林沃德蒙（Louise de Lorraine Vaudemont），她下令将现有珠宝重新打造，并将更多珠宝收入囊中[13]。她的宝藏数量繁多珍贵无比，不仅令儿子、儿媳们拥有了王权的气派，更重要的功勋是救国于水火之中。1562 年，宗教战争开始时，军队出动保护这个天主国家，而威尼斯和佛罗伦萨的银行家们可以将珠宝作为抵押物进行贷款以供军需。随着债务的增加，这些作为抵押品的珠宝不可能再赎回，因此，1589 年，亨利三世去世时，"王冠珠宝"分散各处，珠宝库荡然无存[14]。当年，亨利四世（Henri IV）执政，王室赞助才得以恢复。亨利四世一直想娶情妇嘉布莉埃尔·德·埃丝特蕾（Gabrielle d'Estrées）为妻。为了凸显她的美貌，亨利从 1594 年起便赠予她许多奢华的钻石珠宝[15]，但嘉布莉埃尔于 1599 年 26 岁时早逝。

英格兰

面对与法兰西君主之间的竞争，英格兰国王亨利八世（Henry VIII）和他的子女爱德华六世（Edward VI）、玛丽一世（Mary I）及伊丽莎白一世（Elizabeth I）在穿着打扮上尤其注重珠宝的佩戴。都铎王朝的开创者亨利七世（Henry VII）是一位勤俭节约的君主，他将购买来的或新年时大臣们送的每一件珠宝都充入了国库。除此之外，1536 年，许多从修道院、教堂中获得的珠宝也被亨利八世纳入藏品之中。亨利八世的六位妻子均曾获赠与其王室等级相对应的珠宝，但离婚时均被要求归还。亨利八世对待妹妹也是如此。法国国王路易十二遗孀玛丽·都铎（Mary Tudor）结婚时曾获赠一枚名为"那不勒斯之镜"（Mirror of Naples）的桌形琢型钻石。1515 年，路易十二去世后，玛丽回到家乡，亨利八世随即收回了妹妹的这枚钻石[16]。1547 年，国王亨利去世之后，其宝藏被逐一列入个人财产清单之中，此后的英格兰君王无人拥有更甚于此的藏品[17]。

其继任者——年轻的爱德华六世，于 1551 年从安特卫普的珠宝商手中购得曾属勃艮第公爵"大胆的"查理的"三兄弟"钻石以及尖晶石珠宝（见第一章），由此可见他与父亲一样重视珠宝及贵重服饰的价值[18]。1553 年，爱德华的妹妹玛丽一世继位为女王时，外交官们都注意到，作为一名典型的都铎王室之人，她"将珠宝的价值发挥得淋漓尽致"（图 43）[19]。同样羡煞旁人的还有她的丈夫哈布斯堡王朝的西班牙国王腓力二世（Philip II）赠予她的上等钻石珠宝，其中一些带有权朝特色的尤其引人注目：其中一颗上等钻石曾镶嵌于腓力二世之母、神圣罗马帝国大帝查理五世之妻伊莎贝拉（Isabella）的玫瑰花饰上[20]；另一枚珠宝内装有他的微缩画像，画像上覆盖着一颗上等的方钻[21]；还有一枚代表哈布斯堡王朝的双头鹰钻石徽章，上面设计有标志性的两根钻石支柱，以及象征西班牙国家精神的格言"超越极致"（Plus Ultra），"镶满钻石的底座边缘还装饰有一圈钻石和红宝石，上方还有一顶由钻石、红宝石、祖母绿和珍珠组成的王冠"[22]。玛丽女王死后，

图 43（对页）：英格兰女王玛丽一世佩戴着镶嵌了都铎宫廷钻石的珠宝，包括一件 T 形十字架以及罗马士兵纹样的吊坠。汉斯·埃沃茨（Hans Eworth）绘，1554 年。

钻石玫瑰回到了西班牙，但国王腓力出于"哥哥的义务"，将包括另一件哈布斯堡之鹰在内的大量珠宝悉数赠送给了弟媳英格兰女王伊丽莎白一世[23]。

伊丽莎白女王通过进贡、采购以及英国船队的掠夺源源不断地扩大其钻石宝藏。1580 年，她利用葡萄牙的王位继承危机，以极不合理的条款借钱给自诩葡萄牙王位继承人的克拉图修道院院长安东尼奥（Don Antonio），欲借此打败在手里紧攥葡萄牙王权的西班牙国王腓力二世。安东尼奥将一些珠宝作为抵押品，其中包括三十克拉的桌形琢型钻石"葡萄牙之镜"。后来，当安东尼奥无力赎回抵押物时，精明的女王直接将其据为己有，并将这枚珍贵的钻石作为吊坠挂在了项链上。由于钻石过于闪耀，她看起来像是行走的"星光"[24]。这帝王般的豪华成就了她的部分传奇，也勾起了约翰·艾略特爵士（Sir John Eliot）于 1626 年 3 月 27 日在下议院发表的一番爱国情怀的感慨："噢，看看这些珠宝啊！这个王国的骄傲与荣耀使她的光芒闪烁至今，令万物黯然失色！"[25]（图 35，图 44）。

图 44（上）：女王伊丽莎白一世肖像，额头上方及头上佩戴着一些钻石链饰。链饰上有一朵百合花，在"慈悲的鹈鹕"图案下方的是双生的丰裕之角（cornucopiae）。尼古拉斯·希利亚德（Nicholas Hilliard）绘，1576—1578 年。

图 45（对页）：镶嵌玛瑙浮雕的吊坠，其上为西班牙国王腓力二世肖像，身披盔甲，四周有数颗桌形琢型钻石围绕。

哈布斯堡及其他欧洲宫廷

哈布斯堡王朝的历代君主无一不是利用伟大的艺术作品和珠宝以彰显王权。查理五世大帝统治时期，珠宝被赋予空前的权力。他的儿子——西班牙国王腓力二世（图45）除了对建筑、雕塑、园林设计、挂毯、盔甲以及勋章有着狂热爱好之外，还是一位鉴宝行家。宝石珠宝的流通渠道为马德里的梅迪纳德尔坎波集市和里斯本、米兰、热那亚及安特卫普的宝石商。腓力二世收藏的最出色的一颗宝石名为"纯洁流光之池"（Pool of liquid white light），是一颗重达47.5克拉且比例完美的桌形琢型钻石（图47）。这颗钻石是在1559年从安特卫普的意大利商人卡洛·阿菲塔蒂（Carlo Affetati）处购得，并在其第三任妻子瓦卢瓦的伊丽莎白（Elizabeth de Valois）进入托莱多正式成为西班牙王后时进行展示[26]。在雅各布·达·特雷佐（Jacopo da Trezzo）的带领下，宫廷珠宝师弗朗西斯科·雷纳尔特（Francisco Reynalte）、罗德里戈·雷纳尔特（Rodrigo Reynalte）、贡萨洛·冈萨雷斯（Gonzalao Gonzales）、胡安·德·阿尔夫·维拉法尼（Juan de Arphe Villafañe）、安兹·贝尔萨克（Anz Belthac）及佩德罗·罗德里格斯（Pedro Rodriguez）联手为西班牙王后及公主们打造了惊艳世人的珠宝饰品，并悉数出现在桑切斯·科埃略（Sanchez Coelho）及安东尼斯·莫尔（Anthonis Mor）为他们所绘的画像之中。

在德国，巴伐利亚公爵阿尔布雷希特五世及其妻子安娜依照奥古斯堡艺术品交易商菲利普·海因霍夫（Philip Hainhofer）的提议"喂养骏马飞鹰，四

图 46（上）：穿戴珠宝的巴伐利亚的安娜，她是热爱艺术的阿尔布雷希特五世之妻。插图来自《莫纳克斯手稿》（Codex Monacensis）。汉斯·穆里希（Hans Mielich）绘，1556 年。

图 47（对页）：奥地利的玛格丽特、西班牙国王腓力三世（Philip III）之妻，戴着重达 47.5 克拉的桌形琢型钻石"纯洁流光之池"。钻石附着于"漫游者"珍珠之上，组成了哈布斯堡珠宝中最负盛名的"绚烂宝石"（joyel rico）。胡安·潘托佳·德拉克鲁兹（Juan Pantoja de la Cruz）绘，1606 年。

处搜罗奇珍异宝及漂亮的艺术作品"[27]，过着王室贵族一般的生活。汉斯·穆里希的《莫纳克斯手稿》详细记录了巴伐利亚国家宝藏，无不代表着他们的艺术品位（图46）[28]。萨克森选侯奥古斯都（Augustus，即后来的詹姆斯一世，图50）与其妻子——丹麦的安妮（Anne，图51）共同赞助赫赫有名的金匠温泽尔·亚姆尼策（Wenzel Jamnitzer，图49）并将他的作品储存在位于德累斯顿的国库中，即著名的"绿穹珍宝馆"（Green Vaults）[29]。再往北的罗森堡城堡（Rosenborg Castle）中陈列着丹麦文艺复兴时期的领头人——丹麦国王克里斯蒂安四世（Christian IV）的珠宝[30]。位于西波美拉尼亚（Western Pomerania）的什切青宝库（Szczecin Treasure）也被保留了下来。在波美拉尼亚公爵弗朗索瓦一世（Duke Francis I）统治时期，信奉新教的王室成为文艺复兴晚期的文化中心[31]。从汉堡（Hamburg）和德累斯顿订购的珠宝均出自设计师雅各布·莫雷斯（Jacob Mores）之手[32]（图48）。

图48（对页上）：汉堡金匠雅各布·莫雷斯于1593—1602年设计的吊坠。吊坠上包括耶稣圣名的缩写IHS、古斯塔夫·阿道夫（Gustavus Adolphus）的缩写GA，以及"慈悲的鹈鹕"图案。

图49（对页下）：萨克森选侯奥古斯都及妻子安妮的珠宝。珠宝上饰有双A字母的王冠是由红宝石、钻石、祖母绿宝石组成的。马蒂亚斯·赞德设计，温泽尔·亚姆尼策打造，1553年。

图50（左上）：萨克森选侯奥古斯都，其王朝财富的奠基人，一手打造了德累斯顿艺术珍藏馆。小卢卡斯·克拉纳赫（Lucas Cranach）绘，1560年。

图51（右上）：丹麦的安妮、萨克森选侯奥古斯都之妻，身穿西班牙风格高领宫廷服饰并配有珠宝。卢卡斯·克拉纳赫绘，1564年。

珠宝头饰

与中世纪相比，文艺复兴时期代表王权且通体镶钻的王冠尽管为数不多，但也让圣诞、新年、复活节及五旬节等宫廷庆典熠熠生辉。值得一提的是，在威廉·莎士比亚（William Shakespeare）的作品《泰尔亲王佩利克尔斯》（*Pericles, Prince of Tyre*）中，忠臣赫力坎纳斯（Helicanus）向支持佩利克尔斯的大臣们许诺时将他们比喻为"王冠上的钻石"（第3幕，场景4，第53行台词），暗示这些宝石是威严的象征。英格兰国王亨利八世的王冠上也镶有珍珠、尖晶石及蓝宝石，还有各式各样的钻石如尖琢型、三角琢型、桌形琢型及"菱格纹心形"，质地各不相同，一些"品质普通，其他的没有黑箔涂层"[33]。历任王后们佩戴的王冠上，四朵钻石玫瑰闪闪发亮[34]。不同于失传的英式珠宝，科西莫·德·美第奇委托雅各布·比利维特（Jacques Bilivert）于1569年打造的托斯卡纳（Tuscany）公爵王冠在一些绘画作品中被保留了下来。从这些作品中可以看到，精雕细刻的王冠表面镶满珠宝，顶端镶有十七颗钻石、祖母绿以及红宝石。位于正中央的则是佛罗伦萨守护者、施洗约翰（St John the Baptist）的红宝石百合花图案（图52）。

图52（上）：洛林的克里斯蒂娜（Cristina of Lorraine），托斯卡纳大公斐迪南（Ferdinand）之妻，在她身旁的是夺目的美第奇王冠，中央镶嵌了红宝石，上有百合花装饰。希皮奥内·普尔佐内（Scipione Pulzone）绘，1590年。

该王冠失传于18世纪末，不过，为瑞典国王埃里克十四世（Eric XIV）以及丹麦国王克里斯蒂安四世（Christian IV）打造的王冠却保留了下来。瑞典国王的这顶王冠为康内留斯·范德魏登（Cornelius van der Weiden，罗希尔·范德魏登之子）1561年设计的作品，现在已变得面目全非。而丹麦的这顶由科尔薇薇安纳斯·索尔（Corvivianus Saur）设计、迪里克·菲里克（Dirik Fyrik）制作的加冕王冠，用于1597年克里斯蒂安四世的加冕礼，至今完好无损。它的色彩如祖母绿一般鲜亮，上有奶白色珍珠、五彩宝石和尖角及桌形琢型钻石，各式图案更是暗喻王权的传统美德：狭长的金柱代表刚毅之气，天使们代表仁慈，天平代表公正，而以鲜血喂养下一代的鹈鹕则代表着丹麦君王对为其效劳的人民的赞颂（图53）。

16世纪，无论男女都经常佩戴一种由羽毛装饰的头饰。这种头饰上用环扣固定在丝绒或绸缎质地的帽子上的纪念章最能体现意大利文艺复兴的风格，其上的浮雕图案再现了《圣经》或经典历史故事及神话中的片段。在纪念章上，钻石仅用于装饰圆框或是强调场景中的某些元素，例如建筑物的柱子、马饰、盔甲或用浮雕突出显示的字母（图54，图55）。16世纪中叶，用钻石制成的政治性或带有王朝标志的徽章开始出现在君王的头饰上。1550年，年轻的英格兰国王爱德华六世和沙蒂永先生[（Monsieur de Chastillon，也就是为人熟知的法国使臣加斯帕尔·德·科利尼（Gaspard

图53（下）：丹麦国王克里斯蒂安四世的王冠，镶有令人眼花缭乱的桌式及尖琢型钻石，并装饰有代表着优秀的君主应当具备的一些美德的图案。

de Coligny）〕会面时，其紫色丝绒帽上便佩戴着钻石百合花[35]。作为奥地利的玛格丽特的孙子，帕尔马公爵拉努奇奥·法尔内塞（Ranuccio Farnese）在他的贝雷帽上高调地展示出代表哈布斯堡王朝的带冠双头鹰[36]。在之后的几十年中，象征性的图案渐渐被各种宝石所替代，最有代表性的便是嘉布莉埃尔·德·埃丝特蕾（Gabrielle d'Estrées）藏品中的一件钻石帽饰，如火焰般炫目[37]。虽然这些饰品均已失传，但巴伐利亚公爵马克西米利安一世（Maximilian I）的战斗圣杯帽饰将这种形式保留了下来。这件珠宝用钻石、珐琅及黄金制成，用于庆祝维特尔斯巴赫王朝（House of Wittelsbach）军队凯旋。

众所周知，勃艮第公爵"大胆的"查理十分喜爱羽饰，但在 1476 年格朗松战役大败于敌军后这些饰品尽数丢失。然而，羽饰仍然是帽饰中一个不变的主题。100 年后，西班牙的腓力二世将其黑色丝绒帽上的一件红色珐琅羽饰赠予其后嗣唐·卡洛斯（Don Carlos）。钻石闪烁着微光，在枝丫、石榴与小花朵之间簇拥着涡卷纹、八片羽毛以及十个羽冠[38]。之后，嘉布莉埃尔·德·埃丝特蕾趾高气扬地佩戴着用钻石装裱、有钻石羽饰加持的微型国王画像，炫耀着她与法国国王亨利四世的特殊关系[39]。之后，羽饰继续引领风骚（图 57），直到珠宝腰带和搭扣的出现。

16 世纪早期，妇女佩戴的三角头饰（the gabbled headdress）上出现了一条由珠宝纽扣串联而成的饰带以修饰其边缘。稍晚一些流行起来的头巾（Coif）同样也用样式丰富的饰带修饰其上下边缘，而这些饰带又被称为"带饰"（Bilaments）。其中，最令人难忘的当属 1560 年出自宫廷珠宝匠人弗朗索瓦·迪雅尔丹（François Dujardin）之手的这条带饰。它是法兰西国王弗朗索瓦二世（François II）的王后玛丽·斯图亚特的首饰之一，镶嵌有著名的"热那亚方钻"以及八颗其他同样珍贵的钻石。弗朗索瓦的设计不仅有藤蔓缠枝纹及带冠花押字母 F，而且以红色珐琅金属底板衬托出桌形琢型钻石折射出的光亮，并与交替出现的珍珠簇散发出的银光交相辉映[40]。这一连串的装饰效果成了饰带的标准式样，不过有时也会用小钻石簇代替珍珠簇或将簇的形状设计为玫瑰花形，或是将钻石镶嵌在金色车轮形（gold Catherine wheels）系列的中心处[41]。16 世纪 80 年代，在饰带之后出现了同样有着复杂象征性图案且镶珠饰钻的盛装（Attires）。

在裸露的头发上加上衬垫即可将装饰性的长发卡稳稳地固定在头顶。英格兰女王伊丽莎白一世的藏品中就列有六十件这样的头饰，充分显示了文艺复兴时期工匠们在珠宝设计上迸发的创造力[42]。能够用钻石装点的元素和物品十分丰富，有星星、金梨、被手握或是由玛瑙制成的双目、乡下的牛轭、风扇、刷子、扬谷风扇、村民的扁担，还有贝壳、灌木、竖琴、钟表、家用风箱、网球拍，以及"有着火焰般钻石火彩的"鸢尾花[43]。另一件饰品刻有镀银的"OMEGA"字样，一株镶钻的玫瑰上刻有铭文"常青"（Semper Virens）。尽管大多数发卡垂直插进头发，只在头顶露出发卡顶部的装饰部分，但也有一些是横向插入使得顶部装饰顺着侧脸线条垂悬而下（图 58）[44]。这种风格的发饰现存一例于德国劳英根（Lauingen）的

图 54（对页上）：镶钻帽饰（约 1550 年），制作于德国南部，展现了圣保罗（St Paul）转世的场景。用于纪念奥地利的唐·约翰（Don John of Austria）大胜卡米洛·卡皮基奇（Camillo Capizucchi）。

图 55（对页下）：镶钻帽饰，描绘了古希腊神话《海格力斯的丰功功绩》（Labour of Hercules）中的第一功绩。其上刻有一句拉丁格言"他无所畏惧"。

图 56（上）：战斗圣杯帽饰（1603 年），由奥格斯堡的汉斯·乔治·博伊勒（Hans Georg Beuerl）为巴伐利亚公爵马克西米利安一世打造。它是巴伐利亚王国世代相传之物，珐琅彩金工艺，镶有六颗梨形珍珠以及两百四十五颗桌形及玫瑰式琢型的钻石。

图 57（对页）：可围在帽子上的钻石玫瑰饰带，佩戴时可在侧面加上羽毛装饰。这些珠宝属于波美拉尼亚 - 什切青公爵——弗朗索瓦一世（Francis I，前文的波美拉尼亚一世），被发现于墓冢中。

维德巴赫王朝普法茨选侯墓冢群中。

由于耳朵被头发、面罩或头巾遮住，耳饰没有太多发挥空间。尽管耳饰曾在 16 世纪 70 年代的画像中出现，但是总体而言还是很罕见，因为无论男女都更加偏爱单只梨形珍珠耳饰。但是，在小马库斯·海拉特（Marcus Gheeraerts）为女王伊丽莎白一世所绘的《彩虹肖像》上，女王佩戴了一只精妙绝伦的多层耳环，从上到下分别为三颗桌形琢型钻石以及两颗珍珠夹一颗菱形钻石，尾端坠有水滴形红宝石以及一颗梨形珍珠（图59）。嘉布莉埃尔·德·埃丝特蕾意识到这才是配得上自己的首饰，于是将手中最好的钻石都保留着用来制作耳环[45]。

图 58（上）：英格兰王后、丹麦的安妮佩戴着镶嵌珠宝的发卡，一部分插进头发里以将顶部珠宝悬吊于面颊上方。彼得·德·约德（Pieter de Jode）雕刻。

图 59（对页）：为女王伊丽莎白一世绘制的《彩虹肖像》（*Rainbow Portrait*）的细节展示了吊坠耳饰。小马库斯·海拉特（Marcus Gheeraerts the Younger）绘。（1600—1603 年）。

项饰、链饰及领圈

　　由于与骑士团的关系密切，王室骑士徽章历来十分精美（图 60—图 62）。在英格兰地区，《第 1522 号法令》（*Statutes 1522*）规定，骑士的领结与都铎玫瑰的领饰需要以珐琅彩金上釉[46]，而象征圣乔治大、小勋章荣誉的吊坠以及袜带的字母则需要镶上宝石或钻石[47]（图 61）。因此，当英格兰女王玛丽一世的丈夫腓力二世通过南安普敦的阿伦戴尔伯爵（Earl of Arundel）的赞助成为一名嘉德骑士时，他获得了一枚制作精良的勋章，"上有一朵玫瑰花，花上镶有两颗大尺寸琢刻钻石、一颗大珍珠以及五颗平顶型钻石，边缘处有成对的红宝石与珍珠交替出现。除此之外，还有钻石点缀而成的全副武装的圣乔治以及一条珍珠制成的龙"[48]。丹麦罗森堡城堡中的藏品便可代表各个骑士等级勋章所镶嵌的钻石的质量。该处藏品中包括了英格兰国王詹姆斯一世在 1603 年授予克里斯蒂安四世的全部嘉德勋章，还囊括了克里斯蒂安所拥有的其他一些勋章，比如金羊毛骑士勋章、圣米迦勒勋章以及丹麦大象勋章[49]。

　　佩戴在肩膀上的链章使用了丰富的珠宝进行装饰，也被用来彰显王室等级，而最高等级的链章会把各式切割的钻石镶嵌于雕花的珐琅质金底板上。英格兰国王亨利八世的藏品中最重要的一件被描述为"西班牙之作"，由十六颗菱形钻，六颗方钻，六颗精美三角钻以及一颗绝美"镜钻"镶嵌于不同底座。最后提到的这颗钻石便是亨利八世的妹妹都铎玛丽第一任丈

夫——法国的路易十二世赠予她的"那不勒斯之镜"。玛丽婚后三个月便守寡，只能放弃这颗钻石，将它归入英格兰王室宝库中[50]。另一例则是首次出现在法兰西王后克洛德（Claude）漂亮的纯白钻石项饰上的花结图案。上面的钻石的一部分还来自亨利八世的"金项饰，镶有十六颗上等钻石，其中一颗名为'法兰西的王权'（Regall of France），另有十四个珍珠簇"。"王权"钻石可能是 1179 年法兰西国王路易七世（Louis Ⅶ）在坎特伯雷大教堂举行仪式时赠送给新晋圣徒托马斯·贝克特（Thomas à Becket）的那一颗[51]。纹章花结（heraldic knots），即布歇家族（bourchier）和马尔特拉瓦斯家族（Maltravers）的勋章，项链上镶有小尺寸钻石，是 1584 年兰卡斯特伯爵（Earl of Leicester）赠送给女王伊丽莎白一世之礼，"包含二十四个布歇花结以及十二个马尔特拉瓦斯花结"[52]。那些刻有密语的勋章则带有更多的个人色彩，例如在 1554 年与玛丽一世成婚时，腓力二世赠送玛丽的这件"华丽的项饰"："镶有十八颗钻石，其中九颗组合成为暗示两个人名字的首字母 P 和 M，另外九颗钻石当中有八颗为尖琢型，一颗为桌形琢型，每一颗钻石都配有一个珍珠吊坠[53]。"然而，除巴伐利亚公爵阿尔布雷希特五世与公爵夫人安娜的珠宝册中金匠汉斯·穆里希制作的这款项饰留存下来之外（图 63），无论是塑像上、图画中还是文艺复兴时期君主的藏品清单里记载的经典风格的项饰都已消失。

项饰一般只会在最隆重的场合佩戴，而落肩单链或多链链饰的佩戴则更加频繁。这些链条多由素色金或珐琅彩金制成，但王室或贵族还是会用纹章或其他标志来显示等级，比如金匠精心打造的王冠及王冠上的冠柱上，通常会采用小一些的钻石作点缀[54]。英格兰国王亨利八世的藏品中便有一件十分重要的单品："一条珐琅彩金链上镶有若干桌形琢型小钻石，垂坠有三十颗钻石，另有一枚硕大的梨形珍珠吊坠上镶着一颗超大尺寸的冠面呈菱形的桌形钻石[55]。"另一件更加精巧的三足形作品属于女王伊丽莎白一世，"呈网格状的金链"，一端为钻石玫瑰花，另一端为红白都铎玫瑰[56]。

妇女佩戴的领圈代替了落肩的链章和项链，位于稍高一点的喉头处。领圈由珐琅彩金链搭配凸面宝石或桌形琢型钻石制作而成，其上四散分布着星星点点的尖琢型或桌形琢型钻石以及成对的缎面珍珠。较早的例子有隆德维尔公爵夫人（Duchess of Longueville）珍妮·德·霍克伯格（Jeanne de Hochberg）1514 年藏品中的黑色绸缎领圈——黑色缎带上缝有圆形红白珐琅圆形底座，上有一颗中央镶嵌十颗珍珠的桌形琢型钻石[57]。

一些领圈上有钻石铭文的说法来自英国诗人托马斯·怀亚特

（对页）

图 60（上）：珐琅彩金"小乔治"（Lesser George）勋章（1603 年），为日常佩戴的嘉德骑士团勋章。这一枚属于丹麦的克里斯蒂安四世（英格兰的詹姆斯一世的妻弟）。

图 61（下）：嘉德勋章的袜带（1612 年），其搭扣为一枚桌形琢型钻石，镶嵌有格言警句"心怀邪念者可耻"。

图 62：全副武装的钻石微缩士兵，其中一位手持一把直剑，另一位挥舞着一把弯刃军刀。该形象与圣米迦勒骑士团相关，制作于德国南部，约 1530 年。

图 63（上）：饰有珍珠和十字架的钻石玫瑰项链（1554 年），巴伐利亚公爵阿尔布雷希特五世拥有，底座上有水果、树叶、传统面具及浮雕人物作为装饰。

图 64（对页）：骑士军团长勋位领圈，巴伐利亚君主自 1729 年起在圣乔治大十字勋章授勋仪式上佩戴的。由祖母绿（仿制）、尖晶石和椭圆形铰链相连而成，珍珠与钻石簇交替排列。

（Thomas Wyatt）的诗歌："国王的警告镌刻进钻石之中／化为平淡言语缠绕在她喉头／别碰我，温顺并非我的真面目／我属于恺撒，狂放不羁难以驯服。"[《诗集Ⅶ》（Roems Ⅶ），1527—1537年]托马斯本人十分仰慕安妮·博林，便将她与英格兰的亨利八世的亲密关系写进了诗中。弗朗索瓦二世因为1559年的登基大典为妻子玛丽·斯图亚特制作了一批首饰，其中的领圈便代表法国王权。领圈上也出现了一些暗语，还镶嵌有两颗原本属于法国王冠的钻石：字母F顶部的王冠上，在红色珐琅金上嵌有五颗钻石，周围以五颗珍珠为一簇，共装饰了六簇珍珠；桌形琢型、菱形冠面的中央主钻的两侧分别为"布列塔尼之尖"以及"米兰之尖"[58]。自1729年起，这件巴伐利亚公爵夫人玛格达莱娜（Magdalena of Bavaria）曾经拥有的领圈又开始在各大宫廷盛宴上出现，它提醒着世人：这些价值不菲却难逃厄运的华丽饰品仍然有着坚不可摧的品质（图64）。

项链、十字架及吊坠

16 世纪后半叶，饰品的风格发生了一些变化：链条的尺寸更大，宝石边缘出现了斜切面，宝石之间的缝隙处则填满了由四到五颗或成对的珍珠组成的簇而不是从前的花结。奥地利的伊丽莎白与法国的查理九世于 1570 年成婚。从弗朗索瓦·克卢埃（François Clouet）为伊丽莎白所绘肖像（图 66）中的项链及与之相配的珠宝镶边上衣，我们便可看出饰品新时尚。16 世纪末期，最华丽的当属嘉布莉埃尔·德·埃丝特蕾拥有的这些精美绝伦的项链。这些项链均为她和亨利四世量身定制，上有与之相关的密语。她还有一个经典款式的项链，由七种珠宝饰品与另七种元素交替排列而成。七种元素代表着（当时已知的）行星，在万物主宰者木星前汇聚，周围环绕着数颗红宝石及钻石[59]。

法兰西国王弗朗索瓦一世将其钻石收藏中最出色的九颗都用在了大十字架的制作上。大十字架是耶稣最有力的象征，佩戴者贯穿整个 16 世纪，不仅是作为吊坠悬挂在链饰及领圈上，而且会置于胸前上方或是心的上方。作为受人敬仰的传家宝，它们在家族内代代相传。1572 年，玛丽·巴西特（Mary Basset）从祖父托马斯·莫尔爵士（Sir Thomas More）处继承了一件金十字架，十字架的每个拐角处均镶有三颗尖琢型钻石，每颗钻石坠有一颗珍珠。托马斯·莫尔爵士曾任英国财政大臣，后被英格兰国王亨利八世处死[60]。十字架的造型各不相同，有拉丁、希腊、圣安德鲁、洛林及耶路撒冷十字这类复式十字架，还有圣安东尼的 T 形十字架。一些设计中还加入了时下流行的涡卷纹、蕨叶饰及带状纹理装饰边缘，并用大写罗马字母代替哥特体进行镌刻。十字架上还镶有经过琢刻的钻石并坠有一颗或多颗珍珠（图 65）。

钻石镶嵌而成的字母组合 IHS（图 67，图 68），为耶稣之名的缩写[61]。从 16 世纪中期开始，被记载下来的多为大写罗马字母而不是哥特体（图 69），流传下来的作品中最为重要的一件保存在曼图亚的圣芭芭拉教堂里。1562 年，开始出现上下为王冠与钻石字母、左右为充满寓意的图案、神父在顶部的这种设计。另一件带有缩写字母组合的珠宝上有着 MRA（MARIA 的缩写）字样，暗示圣母玛利亚。非宗教的字母珠宝则作为吊坠坠于不同部位，例如脖颈、上衣、衣袖。16 世纪早期，隆德维尔公爵夫人曾将她所有的最好的钻石用在领圈上作为吊坠，其中带有个人色彩的双 L 字母上的是黑色

图 65（上）：珐琅彩金十字架，镶有红宝石、祖母绿、蓝宝石、钻石以及珍珠。保存在靠近比利时梅赫伦的普利孟特瑞会的阿韦尔博德修道院（Abbot of Averbode）。

图 66（对页）：珠光宝气的法兰西王后奥地利的伊丽莎白，首饰上镶有底部涂抹黑色反光层的桌形琢型钻石以及大量珐琅彩金钻石底座。弗朗索瓦·克卢埃绘，约 1571 年。

珐琅[62]。这类吊坠多见于人物肖像画中，但留存的实体不多，不过萨克森选侯奥古斯都及其妻子——丹麦的安娜拥有的这件冠状双 A 吊坠却流传了下来。这件吊坠由马蒂亚斯·赞德设计、温泽尔·亚姆尼策制作于纽伦堡（图 49）。

铭牌或双面吊坠也是宫廷服饰中的一部分，如 16 世纪后期的英国编剧本·琼森（Ben Jonson）在作品《案情有变》（*The Case is Altered*）中的情节。在这部剧中，费涅兹伯爵（Count Ferneze）提起过世的儿子时说道："我有些忘记他的穿着打扮了，但我常听他的母亲说起，他的脖子上戴着一块铭牌，是他的教父——神圣罗马帝国皇帝西吉斯蒙德（Sigismund）所赠，并在银色地球图案下刻有这句 'In minimo mundus'（小小世界）。"这些珠宝自带的宫廷特色也可从亨利八世藏品介绍中窥见一二："牌匾上的法兰西国王戴着美丽的菱形切割钻石，铭牌四边均有一朵钻石玫瑰作为点缀[63]，另一枚牌匾边缘设计有钻石字母组合 'H&K，Rose，E'，周围有鸵鸟羽毛以及五颗小红宝石；另一侧为一座镶有四颗钻石的雕像，雕像手中还攥着一颗上等的钻石[64]。"

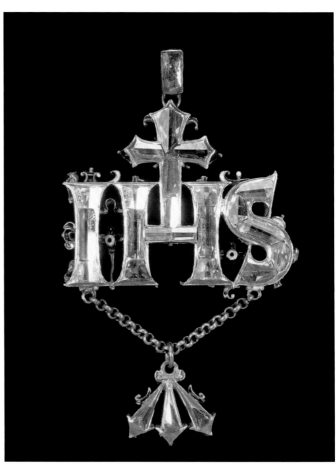

图 67（左上）：吊坠上的耶稣圣名字母组合 IHS，由拱背式钻石构成。

图 68（右上）：16 世纪晚期的神圣字母吊坠，由拱背式钻石组合而成的罗马大写字母，附于十字架上并坠有三颗钉子，暗示被钉死在十字架上的耶稣。吊坠的背面有珐琅彩金质的受难象征图案。

图 69（对页）：简·西摩（Jane Seymour），英格兰国王亨利八世第三任妻子，正佩戴着神圣字母吊坠。拱背式钻石字母之前为哥特体，现为罗马字母。汉斯·霍尔拜因绘，1536 年。

胸针、花饰以及其他配饰

伦敦珠宝商约翰·马布比（John Mabbe）1576 年藏品中的这三十枚胸针通过背面的别针固定于帽子、抹胸处及衣袖上的丝带上，反映出 16 世纪时期多见的竞技、肖像、《圣经》场景、经典历史以及神话元素[65]。这一时期最重要的一些胸针都带有君主的肖像、名字缩写以及王室徽记，例如老鹰。老鹰状饰品中最出彩的便是保存在慕尼黑的巴伐利亚公爵夫人安娜的双头鹰胸针（图 70）。亨利八世藏品中的大多数胸针都刻画了《圣经》中的场景，但其中一枚"胸针改用了钻石城堡和双脚处镶有红宝石的一名少女"，十分别致，同时表达了世俗与浪漫主义[66]。其他胸针上使用了各式切割的钻石组合，但胸针这种饰品还是不及吊坠、铭牌以及花饰流行，在女王伊丽莎白一世 1587 年的藏品中也仅列有三枚胸针。

项饰、链饰或项链上的花饰可以佩戴在上衣领口处以及衣袖上，也可附于戒指或一些可能有珠宝装饰的小链饰上。大多数饰品的尾端都坠有单颗或葡萄串似的珍珠，或是水滴形的宝石，例如英格兰的爱德华六世于 1552 年从蒂奇菲尔德（Titchfield）到南安普敦（Southampton）途中佩戴的一款："链饰上搭配的梨形珐琅彩金吊坠上镶有一朵金花，花中镶嵌有一颗珍贵的钻石和美丽的红宝石[67]。"国王爱德华所购著名的"勃艮第三兄弟"列在女王伊丽莎白 1587 年的藏品中的"花饰"名目下。这一系列花饰的设计是为了凸显从体积、切割工艺及色彩上均表现出色的不带铝箔涂层的宝石，而位列花饰之首的便是"三兄弟"宝石。这些宝石中有的呈"盒钉状"，有的是"方钻金底托花饰"，还有的"镶嵌在古董上"，花饰刻画了仙女、半人半兽、小天使或"白色孩童"等传统人物形象（图 71，图 72）。汉斯·埃沃茨为英格兰的玛丽一世所绘人物画像中可见，玛丽佩戴着一枚被描述为"涡卷纹或花纹镶边的上等方钻镶于古董之上，尾部坠有一颗大珍珠"的配饰，钻石旁边还镇守着两名罗马士兵（图 43）[68]。钻石的切割样式不止一种，例如"花边或涡卷纹边中镶有两颗大尺寸桌形琢型钻石以及一颗别致的尖琢型钻石，尾部配有一颗上等的大珍珠吊坠"[69]。

另一系列举足轻重的藏品在西班牙格外流行，其中包括许多独立的海上题材，比如海马、美人鱼、法螺等，其通体镶钻，制作原料通常为也来自大海但外形扭曲的巴洛克珍珠。其中一只美人鱼的"背部镶满数颗组成玫瑰式琢型钻石，腹部有一颗大珍珠、两颗桌形琢型钻石以及一颗类尖琢型钻石……"[70]同样主题中还有被认为是"幸福的象征"的船只，"一艘通体镶钻的船上还镶有一颗红宝石并坠有珍珠吊坠"[71]。与自然相关的主题则更具想象力：一朵珐琅彩金花上，一只白鸽立于金山上，山峰镶满花朵、野兽以及形状大小不一的钻石，下坠三条小的绿色珐琅金链，

图 70（上）：双头鹰珠宝，哈布斯堡王权的象征，暗指巴伐利亚公爵阿尔布雷希特五世之妻、奥地利的斐迪南一世之女安娜。

顶部还有一个精巧的花结[72]。两位人物中，一位戴着象征身份的钻石锚[73]，另一位手持钻石镜（图73），代表着女王伊丽莎白一世所具有的"希望"及"审慎"之品德。

这一时期，王室赞助唤醒了传统浮雕艺术。这是花饰珠宝中的一个稀有品类，包括王室或杰出人员，以及古希腊、古罗马神话及《圣经》中的历史场景的玛瑙雕像，为了强调其价值，这类珠宝均拥有镶钻珐琅彩金外框。受人喜爱的神话人物和历史人物，例如阿波罗（Apollo）、潘神（Pan）、海格里斯（Hercules）、埃及艳后克莉奥帕特拉（Cleopatra）、维纳斯（Venus）及勒达（Leda），不仅刻在带有珠宝外框的多彩浮雕宝石上，而且也被打造成立体人物（图75）。例如，奥地利的玛格丽特的黄金珠宝便用珐琅彩金刻画了朱庇特的形象，并镶有一颗大尺寸桌形琢型钻石、四十七颗中小尺寸钻石及数颗珍珠（三颗大珍珠及多颗中号珍珠）[74]。在保存下来的大量具有"建筑特色"的吊坠中，可见珐琅彩金壁龛中有许多寓言、宗教或是古希腊罗马式人物，而钻石的作用通常仅限于在圆柱各边进行装饰以及点缀饰物的顶部或底部。

妇女的帽子、连衣裙上衣、衣袖以及短裙上分布着一些风格统一的纽扣（数量庞大，多达八十颗），这些纽扣的样式和工艺也和其他珠宝上的如出一辙。一些是传统型的，例如女王伊丽莎白一世的这款为"玫瑰花形纹样，中央镶有一颗桌形琢型钻石"，但其他一些则寄托了更多个人情感。

图71（左上）：这颗钻石于1546年由一名安特卫普宝石商献给英格兰国王亨利八世，周围有仙女及半人半兽守护，代表着文艺复兴时期的金匠在微型具象雕像上的精湛技艺。

图72（右上）：洛林的克里斯蒂娜衣袖处的大尺寸桌形琢型钻石（图52的细节图），两翼为吹着小号的金发双胞胎天使。

凯瑟琳·德·美第奇为了1571年的圣诞夜而从弗朗索瓦·迪雅尔丹处订购的这套纽扣便是以忠诚的友情为主题。红白色珐琅，桌式钻与珍珠镶嵌，一条斜杠将S形花押字一分为二（这种花押字被称为"fermesses"，意为"闭合的S"，象征忠贞不渝，图74）。这些绣在黑裙上的花押字象征着寡居的女王同为媚妇与母亲的尊贵，象征着政权，象征着她对奢华的偏爱以及与宫廷珠宝匠友好的关系[75]。国王的情妇嘉布莉埃尔·德·埃丝特蕾衣袖上的钻石纽扣刚好位于钻石丘比特手中的珐琅彩金剑上，象征着她与国王的爱情[76]。而皮埃尔·布尔迪厄（Pierre de Bourdeille）撰写的回忆录中提到这位亲王赠送给他的情妇的十二枚钻石纽扣则更为谨慎。纽扣上刻有埃及象形文字，代表着两位爱人才知的晦涩之意[77]。

衣帽上的长嵌缝及线缝通过粗线系成的蝴蝶结固定，蝴蝶结尾端为一对被称为"挂襻"（代扣）的金属小箍。它们有些是三角形，有些是长方形，端部逐渐收窄，质地为珐琅彩金或镀银，并镶有珍珠和宝石。这种裙装配饰在亨利八世的藏品中也出现了：二十八对黑色的珐琅挂襻中，有十四对一端镶有一颗钻石另一端镶有一颗红宝石[78]。到了16世纪末，这些小饰品变得越来越华丽，在安茨·贝尔萨克（Anz Belthac）为西班牙的腓力二世打造的七十二件挂襻上至少镶有一千颗钻石[79]。

女性的腰部因为裹了束身衣正面会形成一个尖角，因此可以用来展示与面罩及领口边缘处的珠宝装饰风格一致的紧身裙及条饰。这些腰饰长度通常可到裙边，并在末端饰以一些小物件，例如铭牌、香盒、书本、钟表、镜子以及刀叉，其中一些小物件上甚至镶有家族传家宝。钻石通常镶嵌在单个的珐琅彩金底托上，与成对的珍珠交替排列在丝质或丝绒质的束身衣（的缎带或腰带）上，例如女王伊丽莎白一世的"短腰封上镶有三十二颗钻石，一些为尖琢型，一些为桌形琢型，还有六十四颗珍珠，两两嵌于金底托上"[80]。

图73（对页上及对页下）：不知名妇人，下为细节图，展示了手握钻石镜子的"审慎"吊坠，其中审慎为四枢德之一。汉斯·埃沃茨绘，约1565—1568年。

图74(顶部)：1571年，弗朗索瓦·迪雅尔丹为凯瑟琳·德·美第奇设计的服装配饰，呈现出具有象征意义的"闭合的S"，即以斜杠连接笔画首尾形成封闭图形的S。

图75（上）：吊坠（1565—1570年），代表着等待帕里斯评判的三位女神：维纳斯、密涅瓦（Minerva）和朱诺（Juno）。

配饰、手镯和戒指

　　一些小物件，如唤狗哨、驱散恶臭的香盒、装着宝石把手的风箱以及祈福书或诗书，均通过金匠的巧手变成挂在脖子上或腰带处的艺术品。牙签和掏耳勺一样，对于牙齿不好的人来说十分有用。在 16 世纪后半叶，曾经用来整点报时的怀表也被嵌进铭牌、吊坠、胸针、香盒或臂镯的环扣里以及镶满宝石的紫貂皮上。紫貂被称为"跳蚤皮草"（Zibellini），也就是意大利语的"sable"（紫貂）。由于位置显眼且十分珍贵，这些形式各样、质地不一的怀表盖也被装饰得十分华丽，珐琅彩金上有着浮雕工艺及镶嵌的宝石。亨利八世拥有一款"菱形黄金铭牌，每面均镶有五颗钻石，一块怀表位于中间位置"[81]。备受女王喜爱的华列克伯爵（the Earl of Warwick）曾赠予她一块怀表，上面装饰有华列克伯爵的徽章，徽章上的一只熊和其他杂物均镶有钻石。或许由于这些怀表并不能准确计时，因此其他藏品中几乎再无类似配饰。不过，嘉布莉埃尔·德·埃丝特蕾的藏品中却有一块镶钻怀表[82]。而在女王伊丽莎白一世两次任期内的藏品清单中，怀表和钟表则"很少用来看时间或计时"。

　　尽管钻石手镯的设计样式十分广泛，但在这一时期颇为稀有，因为更常见的腕部饰品是珍珠串。女王伊丽莎白一世藏品中的两串均刻有镶钻字母，其中一个刻有她的追求者安茹公爵弗朗索瓦（François, Duc d'Alençon）的名字"FRANCOS DE VALOS"，另一个刻有格言"稀世珍品"（CARUM QUOD RARUM）[83]。在一副手镯上，用钻石制成的"真爱"字样与情人结相互联结在一起[84]，"类似乌龟与螃蟹形状"的物体经珐琅彩金上釉并点缀着熠熠生辉的钻石[85]。还有两串珍珠收藏于哥本哈根的罗森堡城堡中，属于克里斯蒂安四世的妻子安娜·凯瑟琳（Anna Catherine）和他母索菲（Sophie，图 76，图 77），上面刻有姓名首字母缩写、格言"勿忘你终有一死"（Memento Mori）以及寄托情感的象征元素[86]。

　　戒指尽管是体积最小的珠宝，在 16 世纪，它依然是人们生活中最重要的一部分。许多君主用钻石戒指来代表他们对王国及其子民的奉献精神，因此戒指在加冕仪式上扮演着重要的角色[87]，而且在所有王室婚礼上一定要有象征着忠贞的钻石戒指才算圆满[88]。数量最多的要数镶嵌有尖琢型宝石的独粒宝石戒指（图 36），可在透明玻璃上蚀刻密语。1555 年，当未来的女王伊丽莎白一世被囚禁于牛津郡伍德斯托克的王室会议厅并遭到敌人威胁时，她曾以这样的方式自诉清白：她用钻石在窗户上写道："纵满腹狐疑／仍无从求证／囚犯伊丽莎白书"[89]。同样的，殷勤的法国国王弗朗西斯一世也将他的一桩桩风花雪月化为铭言蚀刻于香波城堡（castle of Chambord）的窗格上："男人之愚蠢便是相信善变的女人。"[90]尺寸小一些的尖琢型钻石则会被嵌为星星或刺猬的形状（图 78，图 79，图 80）并在戒指上形成锦簇。桌形琢型和三角切割钻石戒指也是同样的样式。大一些的钻石会单独镶嵌在四叶型镶嵌板上做成独粒宝石戒指，并搭配精致的红色珐琅饰物，而小一些的钻石则会嵌成如百合花以及大写字母的象征性图案（图 81）。和头部、耳朵、脖子、胸部以及腰部的大型装饰物一样，这些手部装饰物也十分考验金匠的手艺。根据设计师皮埃尔·沃埃里奥特在《奥菲弗里亚的阿内奥之书》（Le Livre d'Aneaux d'Orfevrerie）中记载，金匠需要同时具备"雕塑家的精确以及画家的审美"。

尽管 16 世纪的宗教改革（Reformation）和随之而来的宗教战争造成了政治和社会的动荡，但是欧洲的一些主要的君主还是成功地建造起永久的钻石珠宝以及王室用品宝库以彰显王朝荣光。除此之外，所有王室成员以及亲王府邸均积累着其各自的珠宝库以便在公众场合接受万人敬仰。对奢华的渴望伴随着钻石供应量的增加、琢刻技艺的精进以及文艺复兴文化的影响力的增加，形成了珠宝史上空前绝后的一段创意无限精彩纷呈的历史。

图 76（顶部）：丹麦国王克里斯蒂安四世的母亲——索菲（Sophie）太后的手镯。十七块镶嵌在珐琅彩金上的红宝石及钻石形成爱心和沙漏图案，而其中一些带翼沙漏则象征着超越死亡的爱情的胜利。

图 77（上）：克里斯蒂安四世之妻——安娜·凯瑟琳的手镯（约 1600 年）。手镯上有戴冠重叠字母 AC，用珐琅镶嵌着勿忘我，在站立着的梳辫蓝色雄狮之间镶有桌形琢型钻石。

图 78（顶部）：尖琢型"刺猬"钻戒，皮埃尔·沃埃里奥特设计，1561 年。凸起的镶嵌板下的指环由两个镶钻丰裕之角拼接而成。

图 79（上）：金戒指（约 1550 年），镶嵌板上镶有五颗尖琢型钻，形似一颗星星。戒爪与戒环以涡卷纹相连，涡卷纹两边各镶有两颗桌形琢型钻石，两钻中间还有一颗红宝石。

图80（顶部）：盒式金戒指（15世纪80年代），刺猬状曲面镶嵌板镶有数颗尖琢型钻石，里面包裹着一只日晷。

图81（上）："珍珠之后"盒式戒指（1575年），红宝石戒环，钻石字母E下方的金属镶嵌板上的字母为R，分别代表"Elizabeth"及"Regina"。盒内为英格兰女王伊丽莎白一世及其母亲安妮·博林的画像。

ID   B

第三章

伦敦与巴黎的
"神性之光"

（1600—1660年）

"泪水如两颗钻石一般无比晶莹，使这世界的财富增加了一倍。"

威廉·莎士比亚，《泰尔亲王佩利克尔斯》（1607或1608年，选自朱生豪译本），第三幕，第二场，第102行

切割、镶嵌及装饰工艺

三十年战争（1618—1648年）期间，神圣罗马帝国内受奥地利统治的罗马天主教与新教之间硝烟四起。当其他欧洲城市因此备受煎熬时，巴黎和伦敦成为17世纪钻石珠宝的主要发展中心。在这两个城市中，珠宝匠均不再使用象征主题：复古浮雕饰品不再流行，金匠需要顺从宝石，尤其是被称为"宝石之王"的钻石的特点，放弃精雕细刻的工艺转而使用简洁的钻石底托。质量最好的钻石会被嵌在透雕（à jour）镶爪上，其余的会被嵌进狭长的金嵌条中，拼接成方形、圆形、长方形的镂空盒子。第一次尚简之风始于17世纪中期，宝石底托的边缘被打造为锯齿形，即用半圆凹口镶边。珐琅彩金只会用在珠宝背面，鲜明的色彩被素净的单色代替，并出现了一些新的样式。

随着雕版黑绣工艺的出现，文艺复兴风格的珠宝第一次退出了历史舞台。雕版黑绣是源自奥格斯堡的一种简化版的涡卷纹和叶饰，曾在1585—1620年以多个系列设计形式出版。这些扁平的黑白珐琅涡卷图案与金色

图82（第78页）：布满涡卷纹及藤蔓缠枝纹的雕版，汉斯·德·布尔（Hans de Bull）设计，这种雕版可采用黑色或白色的珐琅上色，并可用于包括戒指在内的各种珠宝。

图83（第79页）：洛林珠宝，顶部为多刻面切割钻石，下方的金三角周围为数颗玫瑰式琢刻钻石，边缘处则是上了白色珐琅的涡卷纹。德国南部，约1600年。

图84（上）："豆荚风"（cosses de pois）胸饰，巴尔塔扎·勒梅西埃（Balthasar Lemercier）设计，1635年。

镶嵌板形成了鲜明的对比（图 82，图 83）。此后，在 17 世纪早期，巴黎金匠皮埃尔·德·拉·巴尔（Pierre de la Barre）、巴尔塔扎·勒梅西埃以及皮埃尔·马尔尚（Pierre Marchand）联手打造了"豆荚风"饰品（图 84）。这件饰品由蜷曲的树叶组成，其中一些呈锯齿状，并用裂开的珠子模仿豌豆。这些元素通过相互组合可以创造出无限的装饰样式，例如在不透明的白色、黑色以及苍蓝色上点黑色、白色、半透明的蓝、绿、红色小点做装饰（图 85）。17 世纪中期，自然主义之风愈加盛行，从弗朗索瓦·勒费弗尔（François Lefèbvre）1657 年及 1661 年出版的《花叶研究》（*Livre de Feuilles et de Fleurs*）中便可见一斑（图 86，图 97）。

同时，新式切割也展露出宝石的光泽与内在品质。除了为人熟知的尖琢型、三角琢型及桌形琢型，玫瑰式——在半圆形顶部的小方冠面的基础上继续延伸琢刻出一些小刻面 [1] 也开始流行起来。1605 年，伦敦商人约翰·斯彼尔曼（John Spillman）向英格兰王后、丹麦的安妮进贡了一枚戒指，"通体镶钻，顶部钻石便是玫瑰式琢型"。1611 年，詹姆斯一世花费400 英镑从金匠约翰·哈里斯（John Harris）手中购买了一枚"精致的玫瑰式琢刻钻石金戒指" [2]。然而，在整个 17 世纪，引领潮流的是法兰西王室，正如作家亨利·皮查姆（Henry Peacham）在《我们时代的真相》（*The Truth of Our Time*，1638 年）中所写："当自身的灵感枯竭才华将尽时，向着法兰西去吧，那里有全新的工艺。"

图 85（上）：17 世纪早期的钻石拉丁十字架的正反面，上有"豆荚风"样式，由成对锯齿形珐琅树叶组成，上有黑、白小点，并用一些小钻作点缀。背面附带了一个盛放圣骨的孔洞，上有半透明的蓝绿色"豆荚风"饰样，细节处有不透明黑、白小点装饰。

Liure de Feuilles
et de Fleurs
Vtile aux Orfeures
et autres Arts
Inuenté par Francois
le Febure
Baltazart Moncornet fecit
A Paris auec priuilegé
1661

PARIS

图86（上）：弗朗索瓦·勒费弗尔根据17世纪法国文化中的植物元素设计的植物设计作品扉页，1661年。

图87（对页）：钻石与橄榄石饰品的正反面图片，背面有珐琅彩金花朵图案，可用丝带穿过背面搭扣佩戴在腰间或脖子上。钻石部分是可拆卸的。

图88：佩戴法国王冠珠宝盛装出席王后加冕礼的玛丽·德·美第奇（Marie de Médicis）。
玛丽的王冠上是著名的小桑西（Beau Sancy）钻石，搭配着珍珠钻石袖扣、十字架、腰绳
以及钻石戒指。小弗朗茨·波尔伯斯（Franz Pourbus the younger）绘，1610年。

法兰西：
王后玛丽·德·美第奇的珠宝

于 1600 年嫁给法兰西国王亨利四世的玛丽·德·美第奇（Marie de Médicis，图 88）不仅腰缠万贯，而且是佛罗伦萨的美第奇家族和哈布斯堡帝国的后代，父亲是托斯卡纳大公弗朗切斯科·德·美第奇（Francesco），母亲是神圣罗马帝国皇帝斐迪南一世之女约翰娜（Joanna）。在佛罗伦萨富丽堂皇的小天使广场之中，经历于无数庆典与礼节之中，带着王室贵胄的骄傲，玛丽从小便梦想成为一位王后，而一位锡耶纳修女的寓言促使她立志拥有一座属于自己的王国。这位修女的寓言最终成为了现实，玛丽·德·美第奇以艳惊四座的珠宝昭告天下：她已准备好宣示王权[3]。玛丽的鉴赏家父亲弗朗切斯科令她坚信，没有任何宝石能够比钻石更能展现王权的气派。而从她本人 1610 年的藏品中也可窥见她对钻石的偏爱[4]。这些钻石的来源不一，有些是从美第奇家族继承的，有些是她的小姑子，即巴尔公爵夫人凯瑟琳·德·波旁（Catherine de Bourbon，凯瑟琳是亨利四世的妹妹）的遗产，还有一些是来自珠宝商科尔内耶·罗格（Corneille Roger）和弗朗索瓦·迪雅尔丹。这两位珠宝商不仅在尼德兰、威尼斯甚至远至印度和波斯都有业务往来。其他一些是亨利四世将其已过世情妇嘉布莉埃尔·德·埃丝特蕾（Gabrielle d'Estrées）的藏品重新打造后赠送给她的礼物[5]，之后被玛丽当作新年"礼物"送了出去。还有很多钻石是从圣日耳曼德普雷区年度集市上买来或是在赌桌上赢来的。

只有在炫耀庞大的钻石藏品时，玛丽王后才会感到无与伦比的快乐与骄傲。这些钻石的切割样式有尖琢型、三角切割形、桌形琢型和玫瑰式琢型，且大小不一、形状各异，有圆形、椭圆形、八边形、梨形、心形和铭牌形。只有王后才配得上由它们打造而成的珠宝[6]，其中至少有三百二十颗被镶嵌在一枚"帽饰"上，而其他一些则镶嵌成三色堇、雏菊以及石竹状的花束装饰在发间。为了衬托她的脸庞，她会佩戴不同种类的钻石耳环，例如心形切割与桌形琢型叠加样式、梨形水滴以及颇为罕见的一对悬空人头形。她将数百颗钻石包围在七颗品质最佳的珍珠周围，钻石珍珠簇与八个散发出耀眼光泽的钻石簇交替出现，这种简单却不失气派的组合令脖颈处的领圈在最隆重的场合脱颖而出。在其他一些不那么正式的场合中，她会佩戴链环为各种图案的珠宝链饰，如车轮、花结或姓名花押字等。

玛丽王后拥有的另一部分丰富而具有象征风格的珠宝与此类非宗教饰品形成鲜明对比。藏品的灵感则来源于罗马天主教，其中一件藏品以她的一条钻石领圈为冠座，二十五顶荆冠与十字架交替林立其上。另一条钻石链上设计有八件殉教器具装饰（Instruments of the Passion），含有十字架、基督灯笼、雄鸡报晓以及基督圣名的缩写 HIS 等元素。还有一顶荆冠同样富含具有象征意义的元素，她的藏品中最出色的一枚十字架立于其上，九颗上等钻石中尺寸最大的一颗镶于十字架的交叉点处，顶端与底端均镶有三颗心形与钉尖琢型钻石。另有一串由十六个通体镶钻的白鹰组成的念珠，其中两只白鹰头饰有硕大的钻石花押字 HIS 和百合花图案，代表着玛丽王后与法国王室密不可分的关系。其余一些象征着忠贞不渝的爱情的非宗教饰品，如镶钻非洲人物头像以及因爱与信任而十指紧扣的双手，均作为帕特诺斯特珠（Paternoster）零散点缀在其他念珠串中。

除这些庄严气派的珠宝之外，玛丽王后还拥有一些戴在手肘处的更加私人的单钻手镯。这些手镯的特点是：在具有象征意义的情人结、火焰与弓箭饰品之间坠有盒式项链吊坠，而且内装有亲近之人的微缩像。她手腕处的另一件手镯也表达了相似的情绪。这件手镯上有十指紧握的双手，以祖母绿宝石琢刻而成，且边缘处以钻石镶边。她的腰绳上也垂坠着极致奢华的配饰：一面镶钻小镜，若干钟表、盒子、手掌以及镶钻饰链。其他一些钻石均为最新切割工艺与形状，其中包括一颗嵌于爪镶之上的明黄色宝石，均用于制作华丽的钻戒。有一枚黄金戒指十分有意思，代表着早期那些注重雕刻细节而非大体框架的微缩画像或人像。在宫廷珠宝匠吉尔伯特·赫辛（Gilbert Hessing）所供的一颗大尺寸切面钻石下方，装裱着王后的儿子法兰西国王路易十三（Louis XIII）及其儿媳奥地利的安妮（Anne of Austria）的画像[7]。

玛丽王后那时已经拥有一颗重达 28 ～ 36 克拉的大尺寸钻石。这颗钻石原属埃普伦公爵（Duc d'Epernon）所有，于 1600 年被卖给亨利四世。但她并不满足于此，希望将当时已知的两枚最大的钻石都收入囊中。这两枚钻石名为桑西（the Sancy）和小桑西，分别重 55.13 及 34.5 克拉，属于外交官兼金融家尼古拉·哈勒·德·桑西（Nicolas Harlay de Sancy）。两颗钻石均为玫瑰琢刻梨形钻，不过体积稍小刻面稍多的小桑西钻中心还有一颗八角星，使得其外形新颖别致。1604 年，英格兰的詹姆斯一世抢先一步

将桑西钻买下来打造成帽饰（图89）。与桑西钻失之交臂的玛丽王后立刻买下了小桑西放进私人藏品中。为凸显其重要性，她将小桑西嵌在加冕王冠顶部（图88）。1610年，在圣德尼（St Denis）的见证下的王后加冕礼上（图88），这顶珍珠钻石王冠璀璨夺目，艳惊四座。

然而，这场盛典成为玛丽王后最后的高光时刻。就在加冕日次日，玛丽王后的丈夫惨遭暗杀，而继承人路易十三年仅九岁，于是法兰西摄政王之重任便落在了玛丽太后的肩上。在路易十三声势浩大的加冕礼上，她向他的子民展示出她为年轻的国王准备的订婚钻戒，将盛典推向高潮，从而顺利开启了她的朝政生涯。摄政太后玛丽始终对其王室地位十分在意，因此坚持佩戴钻石首饰，在孀妇所着的黑色丧服的映衬下，这些钻石更显华彩炫目。这与生俱来的偏好甚至体现在了新生儿玩具的装饰上。1630年，摄政太后玛丽的一位孙子在英格兰出生，在她赠送的新生儿用品中，一件拨浪鼓上镶嵌了三百五十颗大小不一的钻石[8]。但其统治并未维持很久，因政权的丧失以及法国宗教分裂势力的影响而逐渐失势，她最终被迫流亡。

图89（对页）：詹姆斯一世，佩戴着"大不列颠之镜"（Mirror of Great Britain），由桑西钻和其他三颗钻石组成，而帽子上的羽饰上还镶有一颗红宝石和两颗珍珠。约翰·德·克里茨（John de Critz）绘，约1605年。

图90（下）：戴着獭皮帽的法国国王亨利四世。帽上镶有一条钻石玫瑰饰带，两侧饰有羽毛，根部饰针为钻石奖章饰品。法国画派画作，约1600年。

玛丽日渐羸弱并于 1642 年去世。她的一切珠宝尽失，那些象征着她的转瞬即逝的荣光、宽厚与雍容的钻石，包括小桑西钻在内，不久便到了奥兰治亲王弗雷德里克·亨利（Prince Frederick Henry of Orange）手中。

尽管国王亨利四世鼓励王后佩戴钻石并将钻石作为国内外王室支持者（图 91）的答谢礼，但亨利本人在佩戴钻石首饰时却慎之又慎。他常佩戴的是钻石帽饰，例如缠绕帽身的饰带或固定帽子两侧羽饰的饰针（图 90）。其他男士受到亨利的影响也模仿他的穿着打扮，包括其继承人路易十三。路易从婴儿时期起便以穿戴钻石的形象出现在大众面前。1609—1610 年，年仅八岁的路易收获了一只外壳镶钻的怀表（图 92）。在此之前，钻石已经不仅用于打造戒指及链饰，还用于装饰鞋子、吊袜带上的搭扣以及男士服装上的腰带及纽扣。

图 91（左下）：亨利四世馈赠威洛比·德·埃雷斯比勋爵（Lord Willoughby de Eresby，亨利四世 1590 年攻陷巴黎时，他带领军团进行助攻）的钻石（约 1590 年，经二次琢刻），为答谢他带领英格兰女王伊丽莎白一世派出的军队助他登上法国王座。

图 92（右下）：黄金多角星形怀表，黑色珐琅上釉，钻石外壳，项圈吊坠或是腰带坠饰。日内瓦的马丁·杜布勒（Martin Duboule）制作，17 世纪早期作品。

法兰西：
奥地利的安妮的珠宝

生于西班牙的奥地利的安妮是神圣罗马皇帝查理五世之女，在1615年，年仅14岁时便嫁给了路易十三。画家彼得·保罗·鲁本斯（Peter Paul Rubens）笔下的法兰西王后安妮一身珍珠、钻石，十分华丽（图93）。这幅肖像画精准地捕捉到安妮既高贵又灵动的气质，同时传达出在全身各处宝石及腰间金属带饰映衬下的愉悦。1625年，有传言称安妮曾赠予英俊潇洒的白金汉公爵（Duke of Buckingham）一套用在丝带上的镶钻金属带饰，这难免被认为是表白信物。正因如此，这一段王室秘史也成为19世纪大仲马创作的历史小说《三个火枪手》（*The Three Musketeers*）的相关题材之一。据说有一款胸部饰品（Grand Apprestat）是安妮王后从西班牙引进的创新工艺品，曾经风靡一时。1639年，便有一件被用作结婚礼物赠送给了国王的首席大臣黎塞留（Cardinal Richelieu）的亲戚普洛朗特公爵夫人（Duchesse de Puylaurent）[9]。另一件则出现在宫廷珠宝匠科尔内耶·罗格在1640年的个人收藏中[10]。留存至今的这两件胸部饰品，一件在伦敦（图94）[11]，一件在卢卡的圣马蒂诺教堂（Cathedral of San Martino）。1630年，

图93：法兰西国王路易十三的妻子奥地利的安妮。其胸前蝴蝶结嵌有重40～45克拉的著名尖琢型钻石。彼得·保罗·鲁本斯绘，约1620—1625年。

教堂赞助人劳拉·妮莉·桑蒂尼（Laura Nieri Santini）从巴黎获得这件胸饰。这件镶有桌形琢型钻石的黄金首饰由豆荚、花朵及缎带元素组成，顶尖处为镶满波浪形黑白羽毛簇的王冠。在5月3日及9月14日的节日盛典时，教堂人员会将这件胸饰放置在"卢卡圣面"（Volto Santo）上，代表着自中世纪起便受人敬仰的耶稣基督（图95）。

安妮王后有一个十分富有的侄女，名为安妮·玛丽·路易丝（Anne Marie Louise），为奥尔良公爵加斯东（Gaston, Duc d'Orléans）之女。为了帮助路易丝完成终身大事，一向注重穿着打扮的安妮王后经常向侄女展示如何打扮才能更加妩媚动人。在1647年的大斋期（Lent）快结束时，安妮王后在与未来的英格兰国王查理二世的一次会面中，按照时下流行的宫廷风尚，在安妮的着装中加入了红黑白三色缎带以及时下流行的自然主义设计，甚至动用了法兰西王冠珠宝上的珍珠和钻石。

此事令回忆录作家德·莫特维尔夫人（Madame de Motteville）羡慕不已地写道：

图94（上）：钻石级豆荚风珐琅胸饰，中央处有一朵巨大的八瓣玫瑰，被树叶枝丫环绕，下坠五枚花朵形吊坠。或出自巴黎制造，约1620年。

图95（对页）：钻石胸饰，中心处有星形图案，顶部为竖有羽毛及花朵的一顶王冠，底部坠有三枚镶嵌了蝴蝶结的吊坠。或出自巴黎制造，约1640年。

这一身珠宝简直是浑然天成，尤其是头顶的花束。大珍珠与钻石仿佛自然生长在花丛中，就像是为了这件作品将大自然的财富与美貌汇聚一处。花束顶部的三支羽毛与其上身缎带的色彩相得益彰，原本的美貌在精心设计的珠宝装饰下更显秀色出众[12]。

之后，投石党动乱（Fronde，1648—1656年）爆发。这场内战双方为代表着血统、贵族与绅士的亲王们以及反税收并且丧失了传统宪法权力的地方执法官。奥地利的安妮与其儿子们在这段时期内身陷囹圄。那时，她通过变卖个人珠宝支撑国库空虚的王室，这些珠宝中包括一对"做工精巧"的耳环[13]。匡乱反正后，红衣主教马萨林（Mazarin）出任首席大臣，而失去丈夫的安妮在未来的国王路易十四（Louis XIV）年纪尚轻时，成功担当法兰西摄政之大任。作为一国之主，摄政太后安妮继续沉浸在钻石珠宝中，且不断对钻石进行打磨以增加其光泽与精致，在其媚妇面罩及全黑斗篷的衬托下，钻石显得更加光彩夺目。1666年，安妮去世之后，她的

藏品清单令人叹为观止，这也就不难理解为何路易十四对母亲的品位赞不绝口[14]。尽管人到中年的安妮体态丰腴、美貌已逝，但她还是不断尝试新风格，尤其钟爱吉兰朵耳坠（Girandole Earrings）。比起玛丽·德·美第奇王后的耳环（图96），这些垂坠着大钻石的耳饰更加精致华美。其中一对耳坠由八颗梨形珍珠以及十二颗厚腰（Thickness）钻石组成，另一对在两枚水滴形宝石（briolette）顶部再镶四颗大尺寸钻石[15]。在这些价值连城的单颗钻石中，有一颗小船形钻石发簪（Poinçon）十分引人注目，这颗钻石代表着早期的带顶脊的萝卜或马眼形宝石[16]。

安妮十分严苛地遵守着宗教日程，她的虔诚之心还反映在珠宝上，尤其是三枚璀璨夺目的钻石十字架。其中一枚镶有六颗经过雕琢的超大尺寸钻石[17]，另一枚镶有一颗"长菱形刻面的优质钻石，下坠一颗桌形琢型钻石，再往下还坠有三颗美丽的水滴形钻石"[18]。第三枚中心处的钻石为"新式切割，冠部平滑但亭部为多刻面切割"，四周有四大、四小共八颗心形钻石[19]。安妮的念珠串上也镶有许多宝石。最值钱的念珠串上穿有六十七颗圆润的珍珠，其中混有八颗被荆冠包围的钻石帕特诺斯特珠，珠串接口处是一枚"镶有一颗大尺寸、多刻面钻石和四颗厚腰钻石"的十字架[20]。

提及安妮的手镯，最珍贵的那只镶有被后世称为"王太后"的狭长桌形琢型钻。其他手镯均成对出现，有些以钻石和黑色花结交替点缀，但更多的还是镶有"罕见而极致的切工制作而成的"钻石并搭配有红宝石、黑曜石珠子、祖母绿、红锆石及橄榄石。在安妮王后佩戴的手镯中，还装有儿子们的微缩画像。当瑞典女王克里斯蒂娜（Christina of Sweden）提出想要见见他们时，安妮摘下手套便露出了孩子们的面庞，令人艳羡[21]。这些年轻王子们的画像上铺有一层肖像钻石，和戒指里的圣人及其丈夫路易十三的微缩画像类似[22]。为了衬托纤纤玉手，她可以从四十九枚收藏钻戒中随意挑选，其中有九枚都镶有颇为罕见且尺寸很大的独粒钻石。尽管

图96（左上）：三枚吉兰朵耳坠以及两枚双层（top-and-drop）钻石耳坠。吕西安·伊尔茨（Lucien Hirz）根据奥地利的安妮的宫廷珠宝匠保罗·马雷夏尔（Paul Maréchal）的草稿所临摹。

图97（右上）：弗朗索瓦·勒费弗尔在1657年的《花叶研究》（Lirre de Feuilles et de Fleurs）中所设计的水滴形钻石吊坠。

那时的怀表计时不准确，但越来越多的人都戴起了怀表，安妮王后有许多只。最华丽的要数一只密钉镶（Pavé Set）怀表，其通体镶满厚腰钻石，以悬环坠于镶有十四颗钻石的三绕饰链上。为了彰显王后的珠宝品质无可挑剔，同时考虑到这些宝藏也称得上巴黎一景，1665 年，路易十四将她的珠宝展示给了意大利雕塑家吉安·洛伦佐·贝尼尼（Gian Lorenzo Bernini）。尽管贝尼尼天赋异禀，但是他也不得不承认，仅凭人类的力量无法超越大自然的鬼斧神工[23]。

不列颠：
国王詹姆斯一世的珠宝

与此同时，在海峡对岸的大不列颠，钻石比以前更加受到重视。刚进入 17 世纪时，英格兰的宝石市场仍旧十分依赖葡萄牙商人。这些葡萄牙人通过果阿的贸易中心和他们的航海技术带着钻石来到欧洲进行交易。钻石的交易方式有很多种，为了绕过中间商，伦敦的商贩汉尼巴尔·盖蒙（Hannibal Gamon）来到德文（Devon）海岸，直接从葡萄牙的"神之母"（Madre de Dios）商船上购买原石。他要求这些钻石"从角量度到边棱必须完好无损、利落切割，且结晶良好、光泽闪亮、色泽透明、不呈黄蓝黑棕、整体完美无瑕"[24]。当然，这种交易方式也充满危机，无论是做宝石生意的商人还是水手都不希望遭到抢劫。保罗·品达爵士（Sir Paul Pindar）提供了一条独特的钻石供货渠道。保罗曾出任阿勒颇和君士坦丁堡领事，也是当地十分活跃的商贩。结束外交事业后，他带着数量惊人的宝石回到家乡。后来这些宝石被国王詹姆斯一世及其侍从购买或借出。1600 年，为了发展英国与亚洲国家（特别是印度）之间的贸易，东印度贸易公司应运而生。公司高层曾经投资过宝石，后来发现市场十分不稳定，并且买卖双方都没有正规的交易系统，这一情形直到 1664 年才有所转变（见第四章）。

尽管钻石的切割和抛光的主要加工地在阿姆斯特丹，但伦敦也因为机会繁多而吸引着优秀的切割工前往。对拥有钻石的强烈渴望使得新的呈现形式应运而生。大约 1600 年，曾打造出大量文艺复兴时期的杰出饰品的金匠发现，当下的宝石镶嵌工致力于制作无装饰或不经珐琅上釉的极简底托，人们对玫瑰式切割或桌形琢型钻石的美貌不再特别关注，因此他们的工艺正在被时代所淘汰。1603 年，詹姆斯一世继承了女王伊丽莎白一世的王位。来自贫困的苏格兰的詹姆斯将新工艺带入了英格兰（詹姆斯一世同时也是统治苏格兰地区的詹姆斯四世）。他认为珠宝隐喻着他对君权神授的洞见。他曾在 1605 年的议会上这样解释："国王是神在地上的代理摄政，因而被赐予神性的光辉。"[25]

为此，1605 年的 3 月 27 日，詹姆斯一世重新建立起不可剥夺的王室珠宝库，并宣布："王室之钻石、王冠以及其他王室及亲王的珠宝饰物即日起永久归王国所有，务必保存于伦敦塔上的珠宝密室之中[26]。"除了从都铎先祖处继承的海量宝藏，他不断地收集着更多"神性的光辉"，尤其是钻石。詹姆斯为 1604 年的加冕礼从尼古拉·哈勒·德·桑西处购买了一颗大的梨形钻。这便是以其名字命名的"桑西"钻。这颗钻石堪称一绝，洁白无瑕，侧腰宽且冠部与亭部均为多刻面，使其闪耀着灵动的光芒。此后，詹姆斯国王将桑西钻悬挂在一件名为"大不列颠之镜"（the Mirror of Great Britain）的帽饰上。这枚帽饰也来自伦敦塔中的珠宝密室，在藏品列表中有如下描述："名为大不列颠之镜的黄金饰品，贵气华美，上面镶有一颗十分别致的

桌形琢型钻石以及两颗切工工整精细的大尺寸钻石，另有若干小钻、两颗圆形珍珠以及一颗同样从桑西先生那里购买的上等钻石"。作家贝尔纳·莫雷尔（Bernard Morel）认为这是"当时的西欧最值钱的一件饰品"（图89）[27]。不过，这并不是英国王室唯一一件令人惊艳的帽饰，另外还有两件同样价值连城：著名的勃艮第"三兄弟"以及用一颗中世纪上等钻与三十颗大尺寸钻石组成的"羽饰"（图98）。这些精致华丽的钻石除彰显詹姆斯的王室地位外，还能够掩饰国王有些上不了台面的丑陋样貌。

提起詹姆斯国王的名字会让人联想到价值不菲的珠宝赠礼，尤其是英国与西班牙在1604—1605年开始恢复友好关系并签署和平条约时，英方总是向西班牙代表们展示珍贵的钻石戒指[28]。托马斯·莱特（Thomas Lyte）编纂了一份详尽的王室族谱表，巩固了国王的王室血统以及对英格兰王位的所有权，因此，他获得了一件镶钻饰匣作为嘉奖。这件饰匣镶有玫瑰式及桌形琢型钻石，由金匠乔治·赫瑞奥特（George Heriot）打造，里面放有尼古拉斯·希利亚德为其所绘微缩画像（图100）[29]。国王送给其宠臣乔治·威利尔斯（George Villiers）的礼物才是最为奢侈的。乔治是第一代白金汉公爵，时任海军大臣（Lord High Admiral）时，常在帽子上佩戴一枚精致的钻石锚（图99），并且"哪怕舞会再平常不过，他也会身披钻石纽扣镶边斗篷、头戴钻石帽带及帽章、双耳佩戴钻石珍珠耳坠，深陷珠光宝气之中难以自拔"[30]。既然如此也不得不提这位宠臣的妻子：1622年的新年，詹姆斯国王赠予白金汉公爵夫人"一条精美的金链饰，由六十条子链制成，每条子链上均有四颗钻石以及六十颗上等圆润的珍珠"[31]。与詹姆斯十分亲密的亲戚，例如妻弟丹麦的克里斯蒂安四世以及堂兄弟伦诺克斯（Lennox）公爵及公爵夫人，均收到过贵重的钻石链饰礼物。

不列颠：
丹麦安妮王后的珠宝

詹姆斯一世的珠宝已是美轮美奂，但他的妻子安妮王后的藏品也毫不逊色。安妮将自己显赫的出身与社会地位汇作一句意大利格言"天选之女"（La mia grandezza dal eccelso）。一份记录了1607—1613年的藏品清单中夹杂着一张安妮王后的宝藏图，从图中记录可知，安妮销毁了从女王伊丽莎白一世处继承而来的象征性的神话及动物主题的珠宝，但留下了珠宝上的宝石。她下令将这些宝石制作成更加符合时代潮流的珠宝，在观看大型的假面剧以及出席其他斯图亚特王廷盛典时佩戴（图101，图102）[32]。

图98（对页上）：佩戴"羽饰"的詹姆斯一世。羽饰由一颗大尺寸桌形琢型钻与围绕的三十颗稍小钻石制成。尼古拉斯·希利亚德所绘微缩画像，1603—1609年。

图99（对页下）：詹姆斯一世赠予第一代白金汉公爵兼海军大臣的钻石锚帽饰。图源自《克莱彻素描簿》（Cletscher Sketchbook）。

图100（上）：约1610年的莱特珠宝（Lyte Jewel），由詹姆斯一世赠送给托马斯·莱特。外壳上的字母"IR"为国王之名"Jacobus Rex"（国王詹姆斯）的缩写（古拉丁语中J写为I）。

1608 年上演的《美人假面戏》（*The Masque of Beauty*）给威尼斯大使留下了深刻的印象，大使曾说："令一切黯然失色、颠倒众生的，莫过于王后及其女眷所佩戴的这些价值不菲的珍珠与首饰了，如此琳琅满目、精雕细刻，无人不言：英格兰王室之财富纵横天下，无人能及[33]。"1613 年，王室长女伊丽莎白·斯图亚特（Elizabeth Stuart）与普法尔茨选侯腓特烈五世（Frederick V）成婚时，约翰·施皮尔曼（John Spillman）、彼得·范洛尔（Peter Van Lore）、阿诺尔德·拉尔斯（Arnold Lulls）、威廉·赫里克（William Herrick）以及乔治·赫里奥特联手设计出如银河系一般璀璨夺目的婚礼珠宝系列。对于曾经捉襟见肘的詹姆斯国王而言，这是伟大的一刻，王后、新娘以及新娘的哥哥——未来的查理一世及其国王本人佩戴的珠宝预计总价值为一百万英镑，相当于现在的 1.34 亿英镑[34]。

安妮王后十分偏爱水滴形珍珠发卡，但保罗·范索梅尔（Paul van Somer）所绘人物画像中，她却罕见地佩戴了一颗重 33 克拉的葡萄牙钻石头饰，钻石背面有一簇羽毛，下坠一颗梨形珍珠，珍珠下端还有一颗水滴形红宝石。王后的侧头饰是从女王伊丽莎白一世处继承来的钻石弩发卡（图 103）[35]。尽管大多数画像中她所佩戴的都是珍珠耳坠，但从其珠宝藏品清单及物品介绍中可知，她有时也会佩戴一些设计有其名字首字母"A"的钻石耳坠，或是坠有非洲人像且蛇头镶钻的蛇形耳坠（图 104）。小马库斯·海拉特为其所绘肖像画中可见（图 105），位于领口中央的红色蝴蝶结上别着一枚镶钻洛林十字架（Double-barred Cross），这便是她最喜爱的一枚吊坠。1612 年，从史蒂芬·勒古希（Stephen Le Gouch）处所获的这枚标准水滴形钻石珠宝对于安妮王后而言同样十分重要。"这是一枚精美的

图 101（左上）：一对吊坠，新月形涡卷纹底板上分散镶有十一颗钻石，两侧坠有珍珠，尾端坠有一颗水滴形绿宝石。

图 102（右上）：羽饰，镶有一颗钻石镶边的大尺寸桌形琢型红宝石。红宝石位于新月形涡卷纹之中，卷叶边框，顶部以一颗珍珠作缀。此水彩画据称为詹姆斯一世与丹麦的安妮的宫廷珠宝商阿诺尔德·拉尔斯所作。

钻石吊坠，切工工整利落，从各个切面反射出的光芒交汇于一束破顶而出。"为了搭配珍珠项链，1610年，她特意从乔治·赫里奥特处购买了"一条由三十个搭扣组成的项饰，项饰上的十五朵都铎玫瑰与代表国王和她的名字的十五个饰有王冠的字母交替出现，每个字母上镶有一颗桌形琢型钻石，每朵玫瑰中央镶有一颗尖琢型钻石"[36]。项饰上的字母毫不掩饰地展示着安妮与国王及都铎王朝密不可分的关系，相比之下安妮的其他饰品则更加私人，从数量上看她更加青睐这些私人饰品。代表她的名字的大写字母A及AR（Anna Regina）的钻石装饰不仅出现在链饰、耳饰及戒指上，而且也用于为展示而设计的微型饰匣的盖子上（图106）。其他一些带有大写字母的珠宝则表达了她对王室的一片忠心，尤其是出现在范索梅尔画像中的"S"和"C4"胸针，分别代表其母梅克伦堡的索菲（Sophie of Mecklenburg）以及弟弟丹麦国王克里斯蒂安四世（图103）。

女王伊丽莎白一世的大部分珠宝都毁于安妮王后之手，留存下来的宝石经过重新打造，变成了时下流行的挂襻。这些金属小箍形似方正的金字塔或是细长的三角形，镶嵌着大量桌形琢型钻石，例如在藏品中列出的一个系列"二十四件长挂襻，其中三面均镶有二十七颗钻石，有件饰品上镶有最多的六百七十二颗钻石"。诗人埃德蒙·斯宾赛（Edmund Spenser）[37]如此描述此情此景：柔软光洁的轻纱之上／四处散落的光点之间／黄金挂襻鲜亮夺目／宛如暗夜之中忽闪的星光。1608年，安妮王后婉拒了一件崭新的手镯，并给出了这样的评价："这件手镯设计太过小气，实在无法比拟

图103（左上）：詹姆斯一世之妻——丹麦的安妮，头部佩戴着葡萄牙钻石以及标志性的钻石弩发卡。立领处可见一枚钻石十字架以及一件微缩饰匣，还有带冠字母S和C4，和圣名缩写IHS。保罗·范索默尔绘，1617年。

图104（右上）：一对镶钻耳坠，丹麦的安妮委托爱丁堡珠宝商乔治·赫瑞奥特制作，约1610年。

王后的高贵。"由此可见,她对于手镯的尺寸及精致度有着特殊的要求。

从乔治·赫瑞奥特(George Heriot)为王后打造的这些钻戒可以看出,王后十分喜爱具有象征意义的图案,尤其是各式各样的心形:带翼的、燃烧的、带伤痕的、被蛇缠绕的(代表永恒)、还有捧在手心里的。其他一些带钻的图案有三色堇和雏菊、树叶、青蛙、蜥蜴以及成双成对的斑鸠,十分适合用作礼物以及作为王后及女眷之间闲聊的话题。另有一枚别具一格的盒式戒指可能也适用于这些情景。它创造性地在扇贝形镶嵌板上镶入詹姆斯国王的微缩画像,扇贝形状则是暗指与之同名的孔波斯特拉的圣雅各伯(St James the Great of Compostela)。这些环饰也不都被用作戒指,其中一些还挂在安妮王后腕处打了一个蝴蝶结的黑色长绣链上(图105)。这种以詹姆斯一世命名的风格使得人们能够在保证戒指不易丢失或者戒指与手指尺寸不匹配的情况下,仍然能够佩戴戒指以表思念之情。

图105(左上):丹麦的安妮,头部佩戴着一颗大尺寸钻石、一些字母发饰以及洛林十字架。她佩戴的戒指通过一条黑色长链与手腕相连。马库斯·海拉特绘,约1614年。

图106(右上):丹麦的安妮赠予安·利文斯顿(Ann Livingston)女士的微缩饰匣,上有嵌入底托且呈字母排列的钻石点缀,字母包括带冠缩写ARC、两个S以及一个双C。尼古拉斯·希利亚德设计的微缩饰匣,约1612年。

不列颠：
国王查理一世与王后亨利埃塔·玛丽亚的珠宝

同为王位继承人，威尔士亲王亨利·弗雷德里克（Henry Frederick）和他的妹妹伊丽莎白公主（图108）都拥有许多品质不错的珠宝，但在弗雷德里克去世以及伊丽莎白（曾流放海牙多年）嫁给普法尔茨选侯之后，品质最好的珠宝都留给了他们年幼的弟弟，也是未来的国王查尔斯一世（Charles Ⅰ）。1623年，查尔斯跟随白金汉公爵一起去西班牙迎接他的新娘西班牙公主玛丽亚（Infanta Maria）。查尔斯现身马德里宫廷（图111）时，佩戴着父王的钻石，十分惊艳，其中一些钻石是作献礼用。为缓和外交关系，他向国王腓力四世（King Philip Ⅳ）的宠臣——重权在握的大臣奥利瓦雷斯伯公爵（Count of Olivares）献上了葡萄牙之镜以及科巴姆珍珠（Cobham pearl）。这些珠宝曾经渗透进英格兰宫廷生活的各个方面，以至于1623年7月17日这天，事务大臣爱德华·康韦（Edward Conway）向乔治·戈林爵士（Sir George Goring）抱怨道："首饰都送到西班牙去了，流失掉贵气的宫廷变得不像宫廷了"[38]。但联姻谈判失败之后，所有外交礼物都按照惯例归还给伦敦了。1625年，查尔斯继位并完婚后，为妻子——法兰西的亨利埃塔·玛丽亚（Henrietta Maria，图110）打造了一款同时镶有桑西钻和葡萄牙之镜的王冠。

从安东尼·范·戴克（Anthony Van Dyck）所绘肖像作品中可见，亨利埃塔·玛丽亚王后的到来将优雅而美丽的穿衣风格带到了英格兰，而这种风格也使得其母——孀居的法兰西王后玛丽·德·美第奇赠予她的精美珠宝更加显眼。除了帽子上、水滴形耳坠上及四十八颗纽扣上耀眼的玫瑰式琢型钻石，还有两颗大尺寸桌形琢型钻石在坠有一颗大珍珠的吊坠上闪闪发光。在过肩处的长链饰上、胸前的大十字架上（图107）以及花束造型的饰品上也分布着一些钻石，这种六朵花的花束造形饰品便是自然主义风格的早期例证。尽管从詹姆斯国王处继承的大型珠宝藏品可供她随时借用，她的丈夫仍然鼓励她购入更多的珠宝，并赞助一些伦敦珠宝商，尤其是1636年国王钦定的宫廷珠宝商雅克·杜阿尔特（Jacques Duart）。

诞生于英格兰的另一创新便是钻石图章戒指（Signet Ring）[39]，这种非同一般的罕见雕刻工艺也被记载了下来。外交官兼鉴赏家恩迪米恩·波特（Endymion Porter）名下有一张1400英镑用于购买钻戒的收据，这枚戒指上边刻有詹姆斯国王的徽章，设计者可能是内森尼尔·盖拉特（Nathaniel Gheeraerts）及托马斯·赫瑞奥特（Thomas Heriot）或乔治·赫瑞奥特[40]。作为威尔士亲王，查尔斯拥有一枚镶有一颗盾形钻石的钻戒。这颗钻石上雕刻着他的勋章以及名字的大写字母缩写"CP"（Carolus Princeps），镶嵌钻石的嵌板背面还以珐琅工艺画有弓箭图案（图109）。1629年，成为国王的查尔斯向弗朗西斯·沃尔温（Francis Walwyn）支付了267英镑，要求他"在钻石上刻上王室徽章（Royal Arms）以及挚爱的王后的名字"（图113）。查尔斯的图章戒指在还是威尔士亲王期间就已经制作完成，后又传给了其他斯图亚特后代，最终回到了不列颠的王冠上，不过亨利埃塔·玛丽亚的戒指却消失于英格兰内战期间（1642—1651年）。这枚戒指曾属于包括东印度公司在波斯的荷兰董事黑尔·范·怀克（Heer Van Wyck）在内的多人，后来被印度的伊利胡·耶鲁（Elihu Yale）买走，并在1722年的售卖会上被彭布罗克勋爵（Lord Pembroke）买下[41]。几经辗转，在1887年，

图 107（顶部左）：法兰西的亨利埃塔·玛丽亚，亨利四世与玛丽·德·美第奇之女，于 1625 年嫁给查尔斯一世。她的肩部挂有钻石链饰，低胸领口中央佩戴着一枚十字架。安东尼·范·戴克绘，1638 年。

图 108（顶部右）：伊丽莎白·斯图亚特，詹姆斯一世与丹麦的安妮之女，嫁给曾任波希米亚国王的普法尔茨选侯。她与长兄威尔士亲王亨利·弗雷德里克均从父母处获得了精美的珠宝。米歇尔·詹斯·范·米勒费尔特（Michiel Janszoon van Mierevelt）绘，约 1642 年。

图 109（上）：黄金图章戒指，镶有一颗盾形钻石，上面刻有查尔斯一世在任威尔士亲王时的鸵鸟羽毛勋章以及名字缩写"CP"。约 1620 年。

图 110（对页下）：亨利埃塔·玛丽亚王后的王冠，王冠底座镶有葡萄牙之镜，上方的鸢尾花饰中镶着桑西钻，另镶有一些查尔斯一世买来后又卖出的钻石。托马斯·克莱彻（Thomas Cletscher）所绘水彩画。

图 111（上）：1623 年发表的画作，描绘了未来的查尔斯一世，当时还是威尔士亲王，在喇叭手、持戟人以及侍臣的护送下乘坐华盖进入马德里商议与西班牙公主玛丽亚的婚事时的场景。

古董商兼收藏家福特纳姆（C. D. Fortnum）将这枚戒指献给了维多利亚女王（Queen Victoria），以庆祝她在位五十周年（Golden Jubilee）。近日，在圣彼得堡的冬宫博物馆馆藏中又发现一枚类似的图章戒指，据称也是出自弗朗西斯·沃尔温之手。这枚戒指的钻石上雕刻着国王名字的带冠首字母缩写"CR"（Carolus Rex，图 112）。

到了 1645 年，这种十分讲究的奢华生活注定无法再持续下去。为了资助保皇党以应对一触即发的内战，玛丽亚不得不将最值钱的珠宝带到安特卫普进行出售。王后此举被拿骚亲王（Princes of Nassau）的宫廷珠宝匠托马斯·克莱彻记录在他的一本画册中。最终王后将桑西钻和葡萄牙之镜抵押给埃佩尔农公爵（Duc d'Epernon），过程之艰难可从她在 1644 年写给查尔斯的信中窥见一二："那些商人知道我们急需资金，因此我们只能任其摆布。"由于玛丽亚不可能再将钻石赎回，埃佩尔农公爵将这两颗钻石卖给了红衣主教马萨林，1661 年，马萨林去世后，他在遗嘱中将这两颗连同其他十六颗钻石一起赠予了法兰西的路易十四。两颗钻石分别被命名为"马萨林一号"和"马萨林三号"并载入法兰西的历史，还在国家级盛典上进行展示。直到 1789 年，两颗钻石连同所有王冠珠宝一起被送出凡尔赛宫。1792 年，这些储存在协和广场（Place de la Concorde）保管处的钻石被盗。葡萄牙之镜自此销声匿迹，而桑西钻几经易主，辗转于西班牙、俄罗斯、印度。1906 年，美国人威廉·瓦尔多夫·阿斯多尔（William Waldorf Astor）将其买下并作为新婚贺礼赠送给儿媳南希（Nancy，图 245）。1978 年，南希死后，巴黎的卢浮宫负责人买了这颗钻石。

亨利埃塔·玛丽亚曾与查尔斯一世共享英格兰王室的繁盛与财富，而今却不得不面对政治斗争带来的恶果。急转直下的命运令她不得不寻求法兰西的庇护。在亲人的记忆中，曾经的玛丽亚是"欧洲一众王后之中最阔绰的一个"[42]。到了法兰西，她处理掉那些价值不菲的身外之物，最后只能完全依靠善良的亲人们。1649 年，查尔斯一世被处决后，国王专用服饰及其个人饰品均被销毁，所有金银熔为一摊液体，所有宝石也都卖给"英联邦以物尽其用"[43]。作为英格兰、苏格兰及北爱尔兰联邦护国公，奥利弗·克伦威尔（Oliver Cromwell）继续保持着用钻石戒指或是镶钻微缩饰匣奖赏王室的惯例，但英联邦再也没有打造过任何一枚勋章，这种朴素之风一直延续到 1660 年查理二世（Charles II）复辟[44]。

图 112（对页上）：查尔斯一世挂在腰带上的坠饰，顶部钻石镶有带冠字母"CR"，底部涡卷花纹黄金托柄便于将饰物挂在腰带上。弗朗西斯·沃尔温制作。

图 113（对页下）：黄金图章戒指，菱形镶嵌板上刻有王室徽章，侧翼为代表英格兰亨利埃塔·玛丽亚王后的大写字母"HMR"（Henrietta Maria Regina）。弗朗西斯·沃尔温制作，1629 年。

第四章

专制之钻

（1660—1700年）

"钻石是这世上除得理且饶人外最罕有之物……"

让·德·拉布吕耶尔（Jean de La Bruyère），《品格论》（*Des Jugements*，1688年），第57章

1664 年，东印度公司决定结束对钻石生意的垄断，并允许外人参与钻石的买卖。这一决定促使既懂金融又懂宝石的葡萄牙商人将业务拓展到伦敦，使得钻石买卖开始形成规范的行业基础。于是，伦敦很快成为国际贸易的中心，在 1695 年，商人们断言"曾经被意大利或葡萄牙包揽的钻石生意将要变成英国人自己的买卖了"[1]。

与此同时，折射定律和解析几何的发现使得钻石切割出现了圆形切割（Brilliant Cut）或称"规范切割"，即能够让圆形、梨形和水滴形钻石拥有发出火彩和闪光的五十八个刻面。最早有所记载的一例出现在 1664 年，这是一颗重 35.56 克拉的深海蓝维特尔斯巴赫蓝钻（图 116），是 1667 年西班牙公主玛格丽特·特雷莎（Margareta Teresa）嫁给神圣罗马皇帝利奥波德一世（Leopold I）时的陪嫁品之一。据宝石学家赫伯特·蒂兰德所说，巴黎的切割工在原始的尖角星形切割宝石上继续添加刻面，不断精进着切割技术[2]。此时的钻石代表着"美丽与完美"，如罗伯特·贝肯在《东方国际商会》（*Les Merveilles des Indes Orientales et Occidentales*，1669）中所写，"钻石相较于其他宝石更像阳光般闪耀，洁白的光束能将一切照亮"。为了避免反射出的黄光盖过耀眼的白光，16 世纪 70 年代，白银底托代替了黄金底托（图 117）。珠宝匠人也采用了新的设计主题，比如 16 世纪 60 年代，对于自然主义的追捧进化为系着缎带的植物图案。这些图案由法兰西设计师设计，例如 1663 年出版过《金银饰品合集》（*Livre des Ouvrages d'Orfèvrerie*，图 119）的吉勒·勒加雷（Gilles Légaré），还有 1665 年出版过《金匠与雕刻师的花饰设计》（*Livre des Fleurs Propres Pour Orfèvres et Graveurs*）的让·沃克（Jean Vauquer）和巴尔塔扎·蒙科尔内（Balthasar Moncornet）。最后，为了跟随美术中盛行的古典主义，在蔓生涡卷花纹中加入了阿坎瑟斯叶纹样，如 1668 年梅斯的路易·鲁珀特（Louis Roupert）以及 1678 年西奥多·勒·朱热（Théodore Le Juge）发表的设计（图 118）。

图 116（上）：维特尔斯巴赫蓝钻，重 35.56 克拉，早期的圆形切割钻。1667 年，西班牙公主玛格丽特·特雷莎与皇帝利奥波德一世成婚时，这颗钻是陪嫁品之一。

图 117（顶部）：一枚镀银钻石十字架正反两面，横纵臂端镶有百合花。背面为珐琅制成的绿叶及盛放的粉玫瑰。

图 118（上）：来自于西奥多·勒·朱热的作品《金匠的金银饰与叶饰作品集》（*Livre de Feuilles et d'Ouvrages d'Orfèvrerie*）中的内容，展示了耳饰、图章、吊坠、链饰的设计，右上方为"布朗德堡"（Brandebourg）图案。

（第104—105页）

图 114（左）：皮埃尔·米尼亚尔（Pierre Mignard）所绘一身王室贵胄衣袍的奥尔良公爵菲利普（Philippe）。细节处可见，手腕处佩戴着母亲的桌形琢型钻，小指上戴着心形钻石戒指，围巾别针处还有一颗大尺寸钻石。

图 115（右）：带钥匙的怀表，以白色罗马数字表盘为特色，金丝合页表盖背面及边缘是镶嵌了钻石的珐琅彩金。机芯刻有巴黎的雅各布·蒂雷（J. Thuret）的签名，1660—1670年。

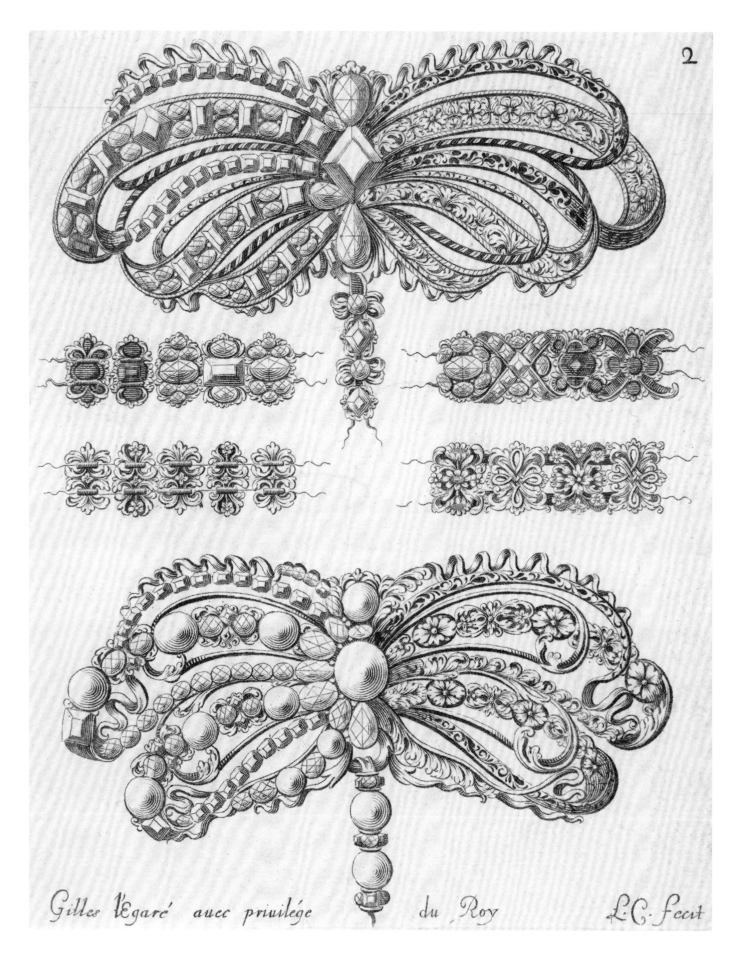

Gilles l'Egaré auec priuilége   du Roy   L.C.fecit

图 119：17 世纪十分流行的珠宝款式，正面镶嵌宝石、背面经珐琅彩金上釉的蝴
蝶结衣饰。蝴蝶结中间为手镯链扣的设计，正面镶有珠宝，背面是花朵、花结和
百合花图案。《金银饰品合集》中吉勒·勒加雷作品（1663 年，巴黎）。

不列颠

经过 14 年的流放，查理二世于 1660 年重新回到英格兰，在表哥法兰西的路易十四的鼓动下，决心重启王室传统，恢复辉煌的王室气派[3]。英联邦的解体令他重振旗鼓，并为新授勋的嘉德骑士和蓟花骑士打造了崭新戎装与勋章。此外，他也为自己打造了一系列钻石帽饰、戒指、腰带襻及搭扣。他还为其母亨利埃塔·玛丽亚的珠宝藏品增添新品，并赠送价值不菲的礼物给他的情妇们，比如奈尔·圭恩（Nell Gwyn，图 120），还有宠臣和外交官。查理的葡萄牙妻子——布拉干萨王朝的凯瑟琳（Catherine of Braganza）性格谦逊、少言寡语，尽管不露锋芒，但是也常常佩戴着与王室等级相匹配的珠宝首饰。同时查理也明确表示"国王治理朝政最有效的方式便是以璀璨华丽的光辉照耀众生"。1660 年，多罗西娅·萨维尔女士（Lady Dorothea Savile）可能也是出于这个目的，从威廉·冈布尔顿（William Gumbleton）处购买了一些钻石。多罗西娅的藏品中包括一枚价值 120 英镑的盒式项链坠，一颗价值 500 英镑的星星，一枚价值 146 英镑的发卡，一只价值 160 英镑的玫瑰式琢型钻石戒指，两只其他款式、价值 125 英镑的戒指以及一对价值 340 英镑的华丽吊坠[4]。同为显赫政治家之妻的阿尔比马尔公爵夫人（Duchess of Albemarle）以及劳德戴尔伯爵夫人（Countess of Lauderdale）也拥有丰厚的藏品。在 1666 年王后的生日舞会上，未来的里士满公爵夫人弗朗西丝·斯图亚特（Frances Stuart）引起了日记作家塞缪尔·皮普斯（Samuel Pepys）的注意："头饰与肩饰缀有钻石的她透过黑白蕾丝散发出迷人的光彩。"

佩戴钻石珠宝的也不止是女人。赫伯特勋爵（Lord Herbert）当时也在场，他对妻子说"此番盛景前所未见"并估算出席的包括宫务大臣（Lord Chamberlain）在内的所有男士佩戴的饰品总价值超过 1000 英镑。宫廷珠宝商弗朗西斯·蔡尔德爵士（Sir Francis Child）、斯蒂芬·埃文斯爵士（Sir Stephen Evance）、艾萨克·勒古奇（Isaac Le Gouch）以及贾斯珀·杜阿尔特（Jasper Duart）得益于在场的葡萄牙犹太商人，获得了比以前更多的钻石。1681 年，著名的珠宝钻石商约翰·夏尔丹爵士（Sir John Chardin）定居在伦敦并得到查理二世的约见[5]，使得钻石市场进一步大爆发。由于钻石代表着王室成员的身份，在 1663 年，查理和露西·沃尔特（Lucy Walter）的私生子蒙默斯公爵詹姆斯（James, Duke of Monmouth）获得了威廉·冈布尔顿打造的一枚精致的嘉德勋章（图 121）。

图 120：英格兰的查理二世赠送给情妇奈尔·圭恩并传给后代的钻石簇戒指。
18 世纪时，它被重新镶嵌在一枚发卡上。

詹姆斯二世（James Ⅱ）短暂统治英格兰和苏格兰之后，与其第二任妻子摩德纳的玛丽（Mary of Modena，图 122）惨遭流放，也因此失去了所有值钱的珠宝。一些珠宝被卖掉以支撑穷困潦倒的詹姆斯党，其余的都传给了他们的儿子"老僭王"詹姆斯·弗朗西斯·爱德华·斯图亚特（James Francis Edward Stuart, the Old Pretender），也就是其追随者所称的"詹姆斯三世"。1689 年 4 月，威廉三世（William Ⅲ）和玛丽二世（Mary Ⅱ）在贵族的帮助下完成"没有流血的革命"（Bloodless Revolution），成为英荷联邦共治者，但登基时国库空虚，他们不得不向弗朗西斯·蔡尔德爵士借来一些珠宝用在戒指（图 123）上、加冕礼中以及作为官方贺礼的微缩饰匣上。尽管难以超越路易十四的凡尔赛宫，但他们还是开始积累起自己的宝石藏品，并且找到了另一位珠宝商、法国新教徒里夏尔·博瓦尔（Richard Beauvoir），支付 1.2 万英镑买下了一颗未经打磨的钻石以"制作一颗完美的心形钻石，用于头饰或胸饰上，尊贵的女王将会佩戴着它，它将绽放耀眼的光芒，迸发出无限的活力"[6]。

在威廉三世和玛丽二世统治期间，英国贵族肆无忌惮地炫耀着他们日益增长的政治权力和财富。时髦的女人们向丈夫伸手索要奢侈品，玛丽·伊夫琳（Mary Evelyn）在 1690 年的诗作《未上锁的女更衣室》（*Mundus Muliebris*）中也讽刺了这种在曾经节俭的年代未曾想象过的奢靡之风。她们的鞋襻、吊袜带、戒指、耳饰以及项链上闪烁着钻石的光芒，最显眼的要数别在胸口处的大胸针以及头发上的"苍穹"发卡，"苍穹"二字便是源于发卡上如同天上的星星一般发出点点星光的钻石。玛丽·伊夫琳曾见过的上

图 121：嘉德骑士团中的"大乔治"（Great George）勋章【与小乔治对应，大乔治和小乔治都是圣乔治屠龙场景，但大乔治是彩釉和珠宝制作的，小乔治是黄金打造的】，镶有玫瑰式琢型钻石并以珐琅彩金上釉。可能是 1663 年威廉·冈布尔顿为查理二世的私生子蒙默斯公爵打造的。

图 122（顶部）：詹姆斯二世之妻摩德纳的玛丽的珐琅彩金微缩画像，顶端镶有三颗玫瑰式琢型钻石。背面是王后名字的带冠首写字母缩写。

图 123（上）：在银嵌板上镶有玫瑰琢型钻石的独粒宝石戒指，威廉三世和玛丽二世在 1691 年为答谢戈达德·范·里德将军（General Godard van Reede）给予的军事辅助而赠。

等珠宝包括一对配有蝴蝶结和十字架的三层吉兰朵耳坠，其中蝴蝶结上镶有红宝石和钻石套组，分别嵌在银色和金色镶嵌板上（图124）。这对耳坠曾被马尔博罗公爵夫人（Duchess of Marlborough）的侄女，即与达官显贵沾亲带故的罗斯子爵夫人（Viscountess Rosse）佩戴过。类似的贵族奢华风可见于约翰·克罗斯特曼（John Closterman）1692年画作中的"骄傲的"第六代萨默塞特公爵查理（Charles）及夫人兼继承人伊丽莎白·珀希（Elizabeth Percy）。图125为一名年轻侍从（Page）向一位公爵呈上一枚方形钻石胸针。这枚胸针是公爵夫人所佩戴的同系列大小不同的胸针中的一枚（图126），这种花纹应用在普鲁士军装的纽扣上之后，被广泛称之为"布朗德堡"图案。这种图案的特点是用丰富的珠宝重新塑造非洲人像，再用不透明彩釉装点并镶嵌上珍珠和钻石（图127）。包括布朗德堡珠宝在内的当时最流行的一些钻石珠宝都被收进了四处漂泊的英国珠宝匠马库斯·贡特尔（Marcus Gunter）的设计图册中。所有的这些以玫瑰式切割或是用作吊坠的水滴形宝石都添加了阿坎瑟斯叶饰并排点缀在长发卡、吉兰朵耳坠以及胸饰上（图128，图129）。

图124（对页）：红宝石与玫瑰式琢型钻石套组，由一枚附有十字形吊坠的蝴蝶结以及同系列吉兰朵耳坠组成。17世纪晚期作品。

图125（左上）："骄傲的"第六代萨默塞特公爵查理，旁边的侍从正递给他一枚钻石布朗德堡胸针以及一簇装饰在帽子上的羽毛。约翰·克罗斯特曼绘，约1690年。

图126（右上）：萨默塞特公爵夫人，珀希家族在诺森伯兰郡（Northumberland）的房产的女继承人。图中的她佩戴着所有的钻石，包括女爵连衣裙正面，同一系列大小不同的六枚布朗德堡胸针。约翰·克罗斯特曼绘，约1690年。

图 127（顶部）：一对非洲女性人像吊坠，每一个吊坠都装扮着一整套风格一致的珍珠钻石珠宝，包括头顶羽饰、发卡、耳环、项链、蝴蝶结胸饰、手镯以及戒指。17 世纪中期作品。

图 128（左上）：马库斯·贡特尔设计的花饰发卡，主干上镶有一排玫瑰式琢型钻石，周围坠有单颗钻石。1711 年，阿姆斯特丹。

图 129（右上）：马库斯·贡特尔设计的三角形抹胸饰品，由分散的独粒宝石以及被宝石的重量压弯的涡卷叶组成。1689 年，伦敦。

图 130（对页）：法国的路易十四，头戴钻石帽饰、手持钻石剑柄、身穿钻石纽扣衣饰以凸显其帝王的容颜。勒内 - 安托万·胡安斯（René-Antoine Houasse）绘，1674 年。

法兰西

1666 年，奥地利的安妮去世之后，她的儿子路易十四和奥尔良公爵菲利普不仅继承了她的珠宝藏品，还继承了她对珠宝的痴狂，尤其是对钻石的偏爱。他们戴上这些钻石，令各自的夫人——王后玛丽-泰蕾兹（Marie-Therese）和利兹公爵夫人（Duchess Liselotte）都黯然失色。对于极力推崇君主专制统治方式的路易大帝来说，钻石的光芒就像是骄阳，是一位伟大的君主最生动而迷人的象征[7]。1660 年，路易大帝携王后现身巴黎，进城礼上的路易"仿佛诗人笔下的诸神转世一般"[8]，尽显帝王风范。1662 年 6 月，骑马套圈赛在杜伊勒里宫（Tuileries）的卡鲁索尔广场（Carrousel）举行。人声鼎沸过后，路易十四对他的儿子说：他希望令臣民臣服的不是淫威下的恐惧与胆怯，"而是力量、财富与高贵之下的庄严"[9]。这番深明大义的言论获得了一致肯定，也令散文作家兼道德学家让·德·拉布吕耶尔在综合考虑其"自带帝王气质的不凡出身与权威与良好的判断力"之后，认为路易十四可担"大帝"之称[10]。另外，负责国事访问的司仪官（Master of Ceremonies）布勒特伊男爵（Baron de Breteuil）也为"路易大帝虽年华已逝却依旧保持英俊的外貌和王室的气派"而骄傲[11]。凡尔赛宫的磅礴气势如同大型舞台，穿上深红色的鞋，戴上鸵鸟羽毛帽饰，在如日光般闪耀的钻石王冠下，路易大帝成了专制王朝中最英俊、优雅、伟大的君

SANCY

SECOND MAZARIN

MIROIR DE PORTUGAL

QUATRIEME MAZARIN

CINQUIEME MAZARIN

SIXIEME MAZARIN

GRAND MAZARIN

HUITIEME MAZARIN

NEUVIEME MAZARIN

DIXIEME MAZARIN

ONZIEME MAZARIN

DOUZIEME MAZARIN

TREIZIEME MAZARIN

QUATORZIEME MAZARIN

QUINZIEME MAZARIN

SEIZIEME MAZARIN

DIX-SEPTIEME MAZARIN

DIX-HUITIEME MAZARIN

主（图 130）。

那么，路易十四的这些钻石从何而来？早先的部分宝石来源于 1661 年红衣主教马萨林遗产中皇冠上的珠宝。马萨林（图 132）在世的时候，在蒙丁神父（Abbé Mondin）和珠宝商让·皮坦（Jean Pittan）以及弗朗索瓦·莱斯科（François Lescot）的建议下，精明地投资了大量的钻石，从葡萄牙的犹太商人那里购买后再送到安特卫普或者阿姆斯特丹进行切磨。其余的钻石则来自两位女王，一位是瑞典的克里斯蒂娜，一位是英格兰的亨利埃塔·玛丽亚，因为她们当时急需用钱[12]。红衣主教将钻石遗赠给路易十四，但条件是这十八颗钻石必须以其亲友及政治支持者的代号命名[13]。这十八颗钻石是：桑西（一号）、平德尔（二号）、葡萄牙之镜（三号）、心形钻（四号）、左右对称的梨形切割钻两颗（五号和六号）、最大颗桌形琢型方钻（七号）、其他桌形琢型钻（八号、十号、十一号、十二号、十三号、十五号、十六号）、马眼型钻石（九号）、桌形琢型长方钻（十四号）、独特的玫瑰式切割钻两颗（十七号和十八号，图 131）。

路易十四继续收购波兰女王玛丽·路易丝·贡萨加（Marie Louise Gonzaga）的个人财产以及吉斯家族的上等厚腰桌形琢型钻石，许多宝石都是通过让·夏尔丹（John Chardin）和宝石商兼旅行家让-巴蒂斯特·塔韦尼尔（Jean-Baptiste Tavernier）购买的。塔韦尼尔只会买毫无杂质的白钻。他将白钻比作女人（图 133）。塔韦尼尔的《印度之行》（Travels in India，1676 年）是了解 17 世纪的钻石贸易最好的指南。1669 年，完成了第六次旅行的他回到家乡之后，将手中总计一千一百零二颗小钻及四十六颗大、中尺寸钻石全部卖出[14]。其中，最重要的一颗为塔韦尼尔之蓝（the Diamant Bleu），也就是著名的"希望之钻"（the Hope）。让·皮坦重新将其琢刻成圆润饱满的心形后，这颗钻石被镶嵌在国王的蕾丝领巾的领针上，色泽鲜亮，美轮美奂。

路易十四购买的另一颗钻石是美丽的玫瑰式琢型彩钻，又称"奥坦丝钻石"（Hortensia），大约 1678 年时被路易斯·阿尔瓦雷斯（Louis Alvarez）重新打磨。作为路易十四 1665—1683 年的财政大臣，铁面无私的让-巴蒂斯特·柯尔贝（Jean-Baptiste Colbert）将所有的购买活动

图 131（上）：经贝尔纳·莫雷尔重新排列的十八颗马萨林钻。这便是 1661 年红衣主教马萨林遗赠给法国国库的十八颗钻石。钻石的描述遵从 1691 年法国王冠珠宝藏品中对宝石的描述。

图 132（对页）：红衣主教马萨林，法国政治家、鉴赏家，16 世纪 40 年代，购买了亨利埃塔·玛丽亚女王品质最好的钻石。菲利普·德·尚佩涅（Philippe de Champaigne）绘。

正式记录在册，无论是出于其个人利益还是代表国王，这一举动都表露出将法国发展成为世界霸主以及促进商贸及艺术发展的政治决心[15]。在路易十四的统治期间，宫廷珠宝匠弗朗索瓦·莱斯科、皮埃尔·库尔图瓦（Pierre Courtois）、洛朗·勒·泰西耶·德·蒙塔西和皮埃尔·勒·泰西耶·德·蒙塔西（Laurent and Pierre Le Tessier de Montarsy）父子、西尔韦斯特·博斯克（Sylvestre Bosc）、菲利普·皮亚特（Philippe Pijart）以及皮埃尔·巴安（Pierre Bain）接受了一项十分具有挑战性的任务，即创造不引人注目的底座，不会破坏宝石本身的大小和质地，还会让宝石的色泽更加夺目。随着钻石的数量增多，这些新的镶嵌方式对于现有的珠宝意义更加重大（图134）。

据侍臣及回忆录作家圣西蒙公爵（Duc de Saint Simon）所言，路易十四"对宫廷奢华情有独钟，尤其是将其用于纪念的重要场合"。那么国王是如何展示这些钻石的呢？答案是"全副武装"[16]。1686年，在接见暹罗国王（the King of Siam，今泰国）代表团时，他的黄金衣袍上密密麻麻地镶满巨大尺寸的钻石，总价值比整个暹罗国还值钱[17]。在任期的最后几年里，尽管一只脚已经踏进鬼门关，在接见巴黎使臣时，他仍"披金戴银，哪怕不堪重负"。1691年，路易斯·阿尔瓦雷斯及皮埃尔·勒·泰西耶·德·蒙塔西编纂了王冠珠宝藏品录，从对于国王这些十分气派的珠宝套装的描述中便可看出气势之磅礴[18]。为了支撑住帽子的边缘，国王佩戴了一件镶有七颗大钻石的帽饰，每一颗钻石都具有最高品质且为"规范切割"，排列在从塔韦尼尔那里购买的一颗重达43.8克拉的大尺寸钻石周围。胸部佩戴的圣灵骑士团勋章出自皮埃尔·莱斯科（Pierre Lescot）之手，镶嵌有一百一十二颗钻石。其中圣灵鸽置于数颗大尺寸圆形及心形钻石之中，主体及双翼还嵌有三颗圆形切割的梨形钻。国王在蓝色饰带末端处配有圣灵骑士团的十字架，让·皮坦1672年制成，后来又镶嵌了一百二十颗钻石。这是一次创新之举，源自1578年的骑士团勋章原本仅使用金银上釉并未镶嵌宝石。这些钻石，或为马萨林钻，或从塔韦尼尔处所获，在双排扣及膝长外套以及背心内衬上散发着迷人的光亮[19]。每一颗钻石对于国王而言都十分重要，因此任何新设计都必须先向国王递交蜡模，获批后方可开始加工[20]。吊袜带、鞋子、仪式剑（Ceremonial Sword）及剑带的搭扣上用来装饰的钻石都是类似的优质钻，而其他一些最为重要的帽饰则搭配的是马萨林十八钻中的一号大桑西钻。1691年以后，由于大同盟战争（League of Augsburg）以及西班牙王位继承战争花费巨大，这个被贝尔纳·莫雷尔称之为世上拥有最多钻石藏品的王国停止了钻石的购买。

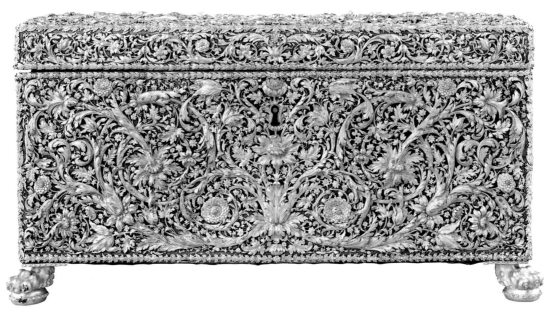

图133（对页）：1665年，身穿波斯沙皇所赠东方服饰的让-巴蒂斯特·塔韦尼尔。作为法印钻石贸易的先驱者，他向法国的路易十四贡献了十分重要的钻石。尼古拉·德·拉吉利埃（Nicolas de Largillière）绘，约1678年。

图134（上）：抛光黄金木棺（1660年），采用金属敲花工艺（Repoussé and Chasing）打造了精美绝伦的浮雕棺面，上有阿坎托斯叶、玫瑰花、郁金香、石竹以及百合花饰，棺脚为狮爪。路易十四将这口棺椁放置在凡尔赛宫镜厅（Galerie des Glaces）附近的私人寝宫中。

每一位在凡尔赛、圣克劳德（St Cloud）、枫丹白露（Fontainebleau）、贡比涅以及巴黎王室举办的音乐会、假面舞会、戏剧表演以及国事访问上露面的朝臣都必须展示出王室风采。首先出场的是来自西班牙的王后玛丽·特蕾莎（Marie-Therese），身边带着法兰西王储（infant Dauphin）路易。根据皮埃尔·米尼亚尔所绘，王后头上戴着马萨林钻石，脖颈处戴着桌形琢型钻石与两颗珍珠交替出现的精美饰链，衣领边缘坠有珍珠钻石流苏，上衣、袖口以及下摆处均嵌有钻石与珍珠组成的蝴蝶结、锦簇及盘花饰（图136）。1683年，王后去世之后，她的珠宝套装被重新打造并归国王使用。国王的弟弟，被称为"殿下"（Monsieur，中世纪时期专指国王的次子或大弟弟）的奥尔良公爵菲利普（图114、图135），同样对钻石爱不释手[21]。作为鉴赏品位与风格的权威人士，他于1677年引领了将盘花胸饰或称"布朗德堡"图案用在外套上的设计，还带起了将成簇黑色丝绸缎带系在肩上及衣袖上并用钻石钉固定的风潮[22]。利泽洛特女爵（Liselotte，图138）的书信中也提到有非常多的人请菲利普给些新款式和风格的建议（图137）[23]。而王室情妇们也同样能够得到品质不错的珠宝。著名的书信作家塞维尼夫人（Madame de Sévigné）就曾写过，外国使臣见到公认的美人蒙特斯庞夫人（Madame de Montespan）时，无不被她华丽的造型所折服，头顶的黑色缎带中的钻石发簪发出耀眼光芒，周身缀满珍珠[24]。为了确保每一位都能盛装出席，国王在婚礼和洗礼仪式上都会选最新、最好的钻石珠宝用来抽奖，也会在游戏桌上用来奖励胜者。国王的第二任秘密妻子曼特农夫人（Madame de Maintenon）的侄女奥比涅小姐（Mlle D'Aubigné）和未来的诺瓦耶公爵（Duc de Noailles）成婚时，收到了一份完整的钻石套装，这份套装便代表着1698年的王室风尚。套装由洛朗·勒·泰西耶·德·蒙塔西打造，包括耳坠、吊坠、一枚大的搭扣、一对袖筒、十六枚袖扣、三十二个扣眼以及一只蝴蝶结。在这位著名的书信作家的画像上，她佩戴的正是这种蝴蝶结，因此这种蝴蝶结后来被称为塞维尼蝴蝶结（Sévigné）[25]。

法国王储兼勃艮第公爵路易和萨伏依的玛丽·阿德莱德（Marie Adelaide）的婚姻使得奢华之风到了鼎盛时期。1696年，玛丽到达枫丹白

图135（上）：奥尔良公爵菲利普，打扮得像王室贵胄一般，手腕处佩戴着母亲的桌形琢型钻石，小指带着心形钻戒，围巾别针处还有一颗大尺寸钻石。皮埃尔·米尼亚尔绘。

图136（对页）：出席正式的王室活动的玛丽-特蕾莎王后及法国王储，华丽的钻石装扮与"太阳王"的王后和继承人的身份十分匹配。皮埃尔·米尼亚尔绘。

露时，国王为了让年仅 11 岁半的未来新娘看起来更加庄重、高贵，因此将王冠珠宝赏赐给她。1697 年 12 月，婚礼结束之后，迎宾区设置在凡尔赛宫的镜厅。三十二盏吉兰朵烛台如同三十二座金字塔，每一盏上都燃烧着一百五十根蜡烛。蜡烛照耀下的镜厅人头攒动，发饰上的钻石与服装上的金银丝线交相辉映、绚烂夺目[26]。在身着红绿黑各色丝绒的女宾中，年轻的公爵夫人以一袭钻石黄金礼裙脱颖而出，那颗最耀眼的王冠钻石高高在上，随着她的一举一动如火焰一般不停闪耀。她极力想要表现出最美好的样子，但珠宝的重量还是令她脖子酸痛。在凡尔赛剧场的戏剧《押沙龙》（*Absolon*）表演结束后，她不得不在第二天卧床休息[27]。她的儿子——未来的路易十五（Louis XV）在很小的时候便习惯戴着闪耀着钻石光芒的黑丝绒童帽出入公共场合。

王室的阔气也是一种政治手段。根据国王及其大臣让-巴蒂斯特·柯尔贝尔的命令，宫廷珠宝匠必须不断打造出能够稳固各国之间、盟军之间以及外交使臣之间良好关系的"礼品"，还有为王室效力的士兵、诗人、艺术家和音乐家们的专用套装。其他王室的传统个人信物是钻戒，但路易十四更加偏爱价值更高的肖像饰匣。这是一枚存放国王的微缩画像的盒式项链坠或吊坠，周边镶钻，背面的鸢尾花图案上镶有代表帝王之名的带冠大写字母（图 139）。其中的珐琅小画通常由让·珀蒂托（Jean Petitot）、让·博尔迪耶（Jean Bordier）或路易·德·沙蒂永（Louis de Chatillon）绘制。大约在 1669—1684 年，《国王的礼品册》（*Registre des Presents du Roi*）中罗列了三百件物品，主要供货来源是皮埃尔·勒·泰西耶·德·蒙塔西以及精通制作浅浮雕珐琅肖像的让·弗雷德里克·布鲁克曼（Jean Frederic Bruckmann）[28]。然而连同钻石一起保存下来的不多，很多钻石都被取下来用于制作其他珠宝，因此这些珐琅小像又被用作鼻烟壶的盖子。另外一些有名的礼物包括 1673 年送给蒙茅斯公爵（Duke of Monmouth）的一把钻柄剑以及一些徽章，1705 年送给西西里总督贝德马尔侯爵（Marquis de Bedwar）的镶钻圣灵十字。西班牙王后在 1704 年收到过一枚手链扣，而阿灵顿夫人（Lady Alington）也因为在 1678 年将路易丝·德·克鲁阿尔（Louise de Kéroualle）介绍给英格兰的查理二世作情妇而获得了一些钻石耳饰。这些礼物代表的既是赠予者的阔气，也是接受者的荣光。

　　凡尔赛的浮华风靡整个欧洲。1663 年，未来的丹麦国王克里斯蒂安五世（Christian V of Denmark）在毕业游期间见识了此等雍容华贵，不仅

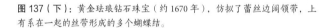

图 137（下）：黄金珐琅钻石珠宝（约 1670 年），仿拟了蕾丝边阔领带，上有系在一起的丝带形成的多个蝴蝶结。

图 138（上）：奥尔良公爵菲利普之妻莉泽洛特女爵，在路易十四殿内，跟随妇女穿戴男士服饰和配饰的潮流戴着一件男款阔领带。

为自己购买了珠宝（图 115，图 141），而且在见过圣丹尼宝库（Treasury of Saint Denis）中路易十四的王冠后，命宫廷珠宝匠保罗·库尔茨（Paul Kurtz）为他 1671 年的加冕礼打造一顶"专制君王之冠"（Royal Crown of Absolutism，图 142）。1678 年，从罗马出发的奥尔西尼王妃玛丽 - 安妮·德·拉特雷穆瓦耶（Marie-Anne de La Trémoille）来到凡尔赛后，意识到祖传的奥尔西尼珠宝太过陈旧以至于在人群中毫不起眼，于是她命令蒙塔西将这些珠宝重新进行改造[29]。法式潮流也通过王室联姻渗透到了其他国家，例如于 1679 年成婚的奥尔良的玛丽 - 路易丝（Marie-Louise of Orléans）与西班牙的卡洛斯二世（Charles II）。1685 年，《南特赦令》（*Edict of Nantes*）被废止之后，胡格诺派（Huguenots）不再拥有信仰新教的权利，因此外迁到北部一些新教国家。其中一些能工巧匠根据印在图册上的新风格做出实物来，每到一处便能带动当地珠宝的发展，促成了高水平工艺在下个世纪的出现。

图 139（顶部）：肖像饰匣的正反面。正面是身穿王袍的路易十四，相框上有两个钻石同心圆以及一顶冠尖有一朵鸢尾花的花冠。背面是路易十四的名字缩写，周围爬满蔓生涡卷叶饰以及非写实花朵。微缩画像可能出自让·珀蒂托之手，镶嵌工作可能由皮埃尔或洛朗·勒·泰西耶·德·蒙塔西完成（1680—1685 年）。

图 140（上）：坠有珍珠的吊坠，珐琅质的涡卷纹中镶嵌了用钻石拼成的大写字母"AOTL"，字母上方镶嵌有王权宝珠、十字架的钻石王冠。背面（右侧图）为以白色珐琅打底、黑粉色珐琅勾勒的爵床科植物花叶，尾端中央有一张奇形怪状的面具。伊比利亚，17 世纪下半叶。

图 141（顶部）：带钥匙的怀表，以带有罗马数字的白色表盘为特色。合页表盖的背面与边缘装饰有镶嵌了钻石的珐琅花叶。机芯上刻有巴黎的雅各布·蒂雷（J. Thuret）的签名，1660—1670 年。

图 142（上）：丹麦的专制君主之冠，灵感源自路易十四的王冠，从丹麦国王克里斯蒂安五世一直沿用到了克里斯蒂安八世（Christian VIII）。通体珐琅彩金上釉，并镶有从老旧珠宝上取下的珍贵宝石。保罗·库尔茨及其助手约尔廷·比罗斯（Jorgen Buros）、埃弗特·比罗斯（Evert Buros）制作，1669—1671 年。

第五章

优雅时代之钻

（1700—1800年）

"……自然之馈赠层出不穷／她精心挑拣不知疲倦／用那刺眼的战利品装扮
女神／这饰匣已开启，满载印度那热情似火的宝石……"

亚历山大·蒲柏（Alexander Pope），《夺发记》（*The Rape of the Lock*，1717年），第三篇

"钻石年代"：珠宝匠、图案及工艺

　　普热（J.H.Pouget）的商铺正如其名"钻石丛林"（Le Bouquet de Diamants）一般应有尽有。店铺中南来北往的买卖令他在 1762 年的《宝石论》（Traité des Pierres Précieuses）中断言，珠宝匠已经迎来了"钻石年代"。尽管玫瑰式琢型还在使用，但大多数宝石已经是圆形切割（五十八个刻面）了。祖传钻石只要大小合适，都会被翻新并重新琢磨[1]。尽管来自安特卫普和阿姆斯特丹的珠宝匠人实力雄厚，但法国珠宝匠还是对伦敦切割工们的精湛技艺赞不绝口：荷兰玫瑰式琢刻已称得上巧夺天工，但要说登峰造极还是要数形状更加端正、琢面更加精细、光泽更加生动的英式切工[2]。从 18 世纪 30 年代开始，传统的印度钻石货源逐渐稀缺，在葡萄牙的殖民地巴西发现的钻石开始被引进。根据奥古斯汀·迪弗洛（Augustin Duflos）在《珠宝设计汇编》（Recueil de Dessins de Joaillerie，1767 年）中所述，在女性专用的一些设计中，钻石迅速盖过了彩色宝石的风头。这一变化也得到了让利斯夫人（Madame de Genlis）的证实。让利斯夫人是奥尔良公爵家的家庭教师，她注意到，公爵夫人们为了合理化自己对锦衣华服的欲望，冠冕堂皇地声称钻石所代表的不仅是显赫的地位，更是一项投资，一笔家族财产，将会提升女儿们在婚嫁中的价值，将她们和一般的女孩们区分开来[3]。

　　创意中心巴黎的顶级珠宝匠人任职于各国宫廷，例如圣彼得堡的路易·大卫·杜瓦尔（Louis David Duval）、马德里的奥古斯丁·迪弗洛、在伦敦名声大噪的胡格诺派的彼得·迪唐斯（Peter Dutens）和保罗·大卫·切尼维克斯（Paul David Chenevix），以及在哥本哈根同样功成名就的菲斯塔因（J. F. Fistaine）。金匠珠宝匠公司（Corps des Marchands Orfèvres Joailliers）在工艺上一直保持高水准，因此珠宝和所有装饰艺术一样，变成了追逐完美的赛场，并催生了八年学徒制（需 3 年成为满师学徒工）这样的一些行业规则[4]。这个城市也成为国外优秀手工艺人心神向往的地方。这些手工艺人在进入当地工坊之后，迅速受到法式风格的影响，追求新潮、精致又优雅的设计。一流的珠宝匠有洛朗·龙德（Laurent Rondé）；他的儿子克劳德（Claude）以及侄子们：克劳德·多米尼克·龙德（Claude Dominique Rondé）、让·丹尼斯·朗博勒（Jean Denis Lempereur）、安格 - 约瑟夫·奥伯特（Ange-Joseph Aubert）、皮埃尔·安德烈·雅克曼（Pierre André Jacquemin）、勒布朗（J. B. Leblanc）、蒂龙（J. M. Tiron）、乔治·米歇尔·巴普斯特（Georges Michel Bapst）、保罗·尼古拉·梅尼埃（Paul Nicolas Menière）；还有查理 - 奥古斯特·勃默（Charles-Auguste Boehmer）和保罗·巴桑格（Paul Bassange）。他们的商铺不只开在金银匠码头一带，例如售卖最新设计款式的韦尔贝茨克（Verbecq）的店——"仰望钻石之光"（Au Soleil de Diamants）就开在美洲酒店对面的圣誉街 115 号。

　　让·蒙顿（Jean Mondon）、普热以及奥古斯丁·迪弗洛的图册中记录了巴黎的大师们如何将 17 世纪的花叶涡卷叶图案、羽饰、吉兰朵及胸饰转向经典洛可可风格的极简对称设计。与此同时，全新的中国风、土耳其色彩、花格以及珊瑚、贝壳、礁石等海上元素和菖蒲等图案纷纷出现，以满足一些猎奇之人的口味。其中一种备受喜爱的主题使用了花朵、树叶、昆虫、鸟类以及羽毛元素的自然主义，与寄托情感的心形、微型画像、持或不持弓箭的丘比特以及缠绵的维纳斯鸽子等象征图案殊途同归。其他珠宝则反映了当时社会的一些娱乐方式，例如化装舞会、纸牌游戏、音乐和园艺，而君主、政治家、英雄和文学人物的画像以及场景再现艺术，如1783年，法国的孟格菲兄弟（Montgolfier Brothers）制作的热气球首次升空的场景，只是昙花一现。宝石采用爪镶及宝石座镶嵌，在设计上也比之前更加立体。

蜡烛照明的出现意味着重大的活动可以在晚间举行，于是出现了分别在日间与夜间佩戴的非正式和正式珠宝之分，晚间的全套盛装打扮会让钻石呈现出最佳效果。18世纪60年代，出现了一项十分重要的创新，在设计极其简陋的白银钻石底托的背面用一层黄金作外衬以防止暗锈蹭到皮肤和衣服上。伦敦的乔治·米歇尔·莫泽（George Michael Moser）以及巴黎的让·杜卡罗莱（Jean Ducrollay）这样的大师将珐琅彩金工艺发展到登峰造极的境地，工艺被用在腰链（系于腰带用来悬挂小物件的短链子）、怀表、纪念饰匣以及手链环扣上。

蓬帕杜夫人赫赫有名的宝石及其影响

18世纪早期，大英帝国错失了一次宝贵的机会。印度马德拉斯（如今的金莱）附近的圣乔治堡（Fort St George）的长官托马斯·皮特（Thomas

图145（上）：法兰西路易十五的妻子玛丽·莱辛斯卡王后佩戴着钻石耳饰，脖颈上佩戴着桑西钻。卡尔·范洛（Carle Van Loo）绘，1747年。

{ 126—127页 }

图143（左）：佩戴钻石羽饰、颈圈以及饰花胸饰的夏洛特王后，左手靠在婚礼王冠上，暗指1761年与乔治三世的婚姻。艾伦·拉姆齐（Allan Ramsay）绘，1761—1762年。

图144（右）：钻石珍珠头饰或胸饰，由钻石羽毛和花朵构成。出自俄罗斯皇冠珠宝（约1760年）。

图146（上）：蓬帕杜夫人，路易十五的情妇以及法国艺术女王。其珠宝与服饰
为典型的法式洛可可风格。弗朗索瓦·布歇（François Boucher）绘，1759年。

Pitt）投资了一颗晶莹剔透的顶级钻石，后被约瑟夫·科普（Joseph Cope）
和杰里迈亚·哈里斯（Jeremiah Harris）打磨为一颗重140.64克拉的枕形切
割（cushion-cut）圆钻。遗憾的是，无论是议会还是伦敦市政府都没有将
它买下来，以至无法让它出现在安妮女王（Queen Anne）的王冠上用来纪
念1707年与苏格兰签订的《联合法令》以及在西班牙王位战争（1701—
1714年）中马尔伯勒公爵（Duke of Marlborough）战胜法兰西人所获得
的胜利。最终，在1717年，这颗钻石被法兰西摄政王奥尔良公爵菲利普
二世（Philippe Ⅱ）买下，并将它命名为自己的名号。1722年，在从路易
十四处继承而来的珠宝中，这颗钻石拔得头筹，成为克劳德·罗登（Claude
Rondé）和奥古斯丁·迪弗洛（Augustin Duflos）联手为路易十五（Louis
XV，图147）的加冕礼制作的王冠上的珠宝。从那以后，国王便将摄政王
钻石戴在帽子上或当作肩饰（Epaulette）。在他的超长任期内，钻石被重
新打磨过，并不断在国事访问、王室婚礼、嘉年华庆典、舞会以及剧场中
给人留下深刻的印象[5]。按照惯例，外国来访者，如1717年，俄罗斯沙皇
彼得大帝（Peter the Great）来访时，受邀参观位于杜伊勒里宫的珠宝藏品，
以展现法兰西的辉煌。著名的桑西钻悬挂于玛丽·莱辛斯卡王后（Marie
Leczinska，图145）的颈部，发间的数颗马萨林钻石竞相闪耀。萨克森的玛
丽·约瑟法（Maria Josepha）是王储路易的第二任妻子，她的一件胸饰由勒
布朗和朗博勒设计，被普热看作是洛可可珠宝的杰出代表。

然而，巴黎乃至法国以外的女人是否优雅的参考标准不是出自王室，而是蓬帕杜夫人。作为路易十五的情妇，蓬帕杜夫人从 1745 年开始成为统治艺术的女王。尽管精妙绝伦的钻石珠宝藏品已经荡然无存，但从她那些品质不凡的遗物中便可一窥她的权力和影响[6]。在重大的宫廷场合中，至少有七套符合她的色彩偏好的钻石组合供她挑选与佩戴。这是因为，金银匠码头的乔治·弗里德里希·斯特拉斯（Georg Friedrich Strass）在制作铅制玻璃珠宝上的成就也令钻石的衬箔和着色工艺得到了极大的发展。其中四套钻石套组分别将黄钻与白钻、黄钻与红宝石、蓝宝石与白钻、钻石与祖母绿相互组合。另两套为纯白套组：其中专用于烛光招待会的是一套全钻套组，另一套为珍珠钻石套组，包括一条在钻石花结中坠有花彩及梨形珍珠的项链。最后一套则不同，一颗漂亮的心形粉钻中央罗列着粉、黄、绿、白四颗钻石，下坠十字架也微微泛出色彩斑驳的光线。她的戒指上镶嵌的也是同样别致而充满艺术气息的钻石组合：紫水晶与黄钻、粉钻与水蓝色钻石，还有龙德和朗博勒首创的在白钻与彩虹色花环镶边的橄榄形钻石之间镶嵌蓝钻与绿钻的设计。她将一颗人工着色的单粒水蓝色钻石馈赠给了她的朋友舒瓦瑟尔公爵（Duc de Choiseul）。作为以出色的品位而闻名的审美家，舒瓦瑟尔公爵在 1756 年以一位如法国使者般杰出的人物为原型制作了一枚钻石送给圣座（Holy See）。向本笃十四世（Pope Benedict XIV）递交国书时，这位教宗身着织有金线的银锦缎，外褂边缘以精致的金色蕾丝修边，帽子上固定羽饰的饰针为一枚闪耀着钻石之光的大钻胸针纽扣，看上去十分精致[7]。

图 147（下）：法兰西路易十五加冕王冠的仿制品，1722 年，由奥古斯汀·迪弗洛根据克劳德·龙德的设计打造。该王冠以复刻了摄政王和桑西钻以及其他法兰西王冠珠宝为特色。

图148（上）：萨克森公主库尼贡德（Princess Kunigunde of Saxony）在服帖顺滑的秀发上别着一件镶有钻石的红色羽饰并佩戴着吉兰朵钻石耳坠。彼得罗·罗塔里（Pietro Rotari）绘，18 世纪 50 年代。

图149（对页）：珠宝花束设计，以一只栖息的蝴蝶表达更加丰富的自然主义。《女士们的第一本珠宝图录》（Premier Livre de Pierreries Pour La Parure des Dames），让·蒙顿绘，1740 年。

为时尚女性设计的珠宝

18 世纪，女人们精美的服饰上的点睛之笔便是挂襻和别针。这两样东西令打过白粉的秀发或系带女帽及制服帽沿闪闪发亮。许多设计都源于自然，尤其是单独出现或是成束出现的花朵（图 156）。金色弹簧片使得花朵像是在随风摇曳，在上空盘旋的珠宝昆虫也令整个场景更加逼真（图 149）。出生在百万级银行世家的贡托侯爵夫人安托瓦妮特·厄斯塔什·克罗扎（Antoinette Eustachie Crozat）便拥有这样一枚别针，十分精美。它镶有一百四十五颗按照大小排列的圆形切割钻石，小花朵上还栖息着小虫子[8]。拥有许多同类藏品的孔德公主（Princesse de Condé）将其中最好的一枚遗赠给了她的妹妹苏比斯小姐（Mlle de Soubise）[9]。这枚饰针上有系着缎带的花朵，还镶有黄、白圆形切割钻。除花朵和昆虫之外，羽毛（图 145，图 148）也是一种十分流行的造型。1752 年，在贝蒂·杰曼小姐（Lady Betty Germain）的聚会上，在所有"满头发饰的女士"中，"沃森太太的头上别了一只展翅的钻石小鸟，鸟喙叼着一颗水滴形钻石"[10]。其他图案还包括盛放的烟花、微缩礼帽、星星和新月、丝带及蝴蝶结。

尽管要经受打耳洞的痛苦，但是耳饰对于穿着十分讲究的女性仍然非常重要，因为无论发髻高低耳朵总是会显露在外。吉兰朵耳饰（图 150，图 153）一直十分流行，在福卡尔基耶伯爵夫人（Comtesse de Forcalquier）的一批年代大约在 1753 年的钻石中，就有一副吉兰朵耳饰，上面镶有十颗大、中尺寸的圆形切割钻，周围还环绕着一些小钻[11]。然而，1767 年，迪弗洛发现让耳朵负重太大的吉兰朵款式已经过时了，取而代之的是更加轻巧的用花朵或缎带连接而成的双层设计（图 151）。

这个年代十分流行精美的项链。在洛可可风格中，将蝴蝶结造型的珠宝花缎带放置于黑色或彩色丝绸或丝绒质地的带子上制成的项链十分常见。这种带子能够很好地衬托出花朵图案的精美，并且在佩戴时可随意调节高度（图 152）。下方的小蝴蝶结吊坠的尾端通常还坠有一枚十字架或是效仿桑西钻的华丽钻石，例如玛丽·莱辛斯卡王后佩戴的这一款

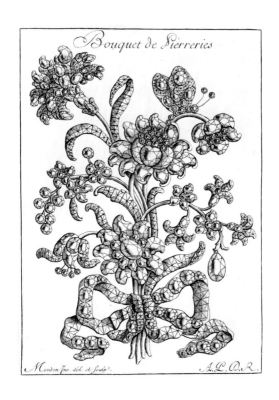

（图 145）。1744 年，富有的贡托侯爵夫人出嫁时带来了一条项链，在组成项链的缎带和正面的大蝴蝶结上镶有数百颗钻石，并坠有水滴形"梨形琢型钻石"[12]。1753 年，福卡尔基耶伯爵夫人拥有的另一条项链虽然价值稍有逊色，但整体造型由聚宝双盆、缎带以及梨形钻石组成，仍然十分迷人[13]。

不管是别在颈圈上还是脖子上的蝴蝶结上，每一位时尚的女士都佩戴着一枚十字架，可能是镂空花纹（图 154），但更常见的是用宝石简单装饰的十字架，例如洛马里亚侯爵夫人（Marquise de Locmaria）在 1725 年的婚姻契约中所列的这一枚："钻石十字架，镶有四颗钻石并坠有一颗梨形钻"[14]。要说精致华美，没有哪一件能比得上蓬帕杜夫人的十字架：它的中央镶有一颗大尺寸黄钻，周围有钻石点缀而成的一番日

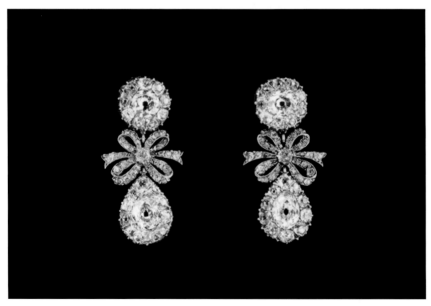

图 150（顶部）：一对钻石及水蓝宝石制成的吉兰朵耳饰，三颗水滴通过小花枝与顶部部件相连。俄罗斯，18 世纪中期。

图 151（上）：18 世纪中期的一对轻巧的双层钻石耳饰。每一枚耳坠的顶层钻石簇与底层水滴均通过一个蝴蝶结相连。

图 152：帕尔马的玛丽亚·路易莎（María Luisa），未来的西班牙国王卡洛斯四世
（Charles IV）之妻，佩戴着镶有最新法式设计的钻石套装，包括花朵和缎带元素。
安东·拉斐尔·门斯（Anton Raphael Mengs）绘，1765 年。

光乍现之景[15]。1765 年去世的波旁 - 孔德家族的伊丽莎白 - 亚历山德里娜
（Elisabeth-Alexandrine de Bourbon-Condé）的十字架同样惊艳但更加中
规中矩。这是一枚在交叉处镶有一颗大尺寸方形切割钻的钻石包边十字
架，下方的卵形钻位于竖臂的下半部分，其余三颗宝石中的两颗在横臂
上，一颗在竖臂顶部[16]。这枚十字架的背面设计有可穿缎带的环扣，便
于系在条状钻石发卡（coulant）上[17]。

　　巴黎的珠宝匠的另一重大成就是设计出与宫廷礼服的肩饰、环饰和纽
扣配套的大型胸饰，或像胸甲一样可遮盖上身的兜包（图 155）。他们从里
昂（Lyon）丝织品的图案中获得启发，用小碎钻当背景，并将稍大尺寸的
钻石镶嵌成水仙花、山楂树、向日葵和玫瑰的图案。另一个深受喜爱的图
案是蝴蝶结（图 159），可以像"宫廷礼服上的大蝴蝶结一样单个出现"，
或者像贡托侯爵夫人的蝴蝶结一样成套出现。多个出现的蝴蝶结通常以从
小到大的三个为一组，全部镶满大钻石，最大的一只蝴蝶结由四圈缎带系
成[18]。由于镶有大量钻石，许多胸饰只是短暂出现便被拆卸。不过巴伐利亚
选帝侯卡尔·特奥多尔（Charles Theodore）为他的第一任妻子普法尔茨公
主伊丽莎白·奥古斯特（Elizabeth Augusta）打造的珍珠钻石胸饰却是个例
外。这件饰品从脖子一直延伸到腰部，且各部分按照大小排列，总体呈倒
三角形（图 160）。裙衬使这些珠宝得到了很好地展示，因为裙衬撑起的宽

图 153：让·蒙东的《女士们的第一本珠宝图录》，展示了双层和吉兰朵钻
石耳饰、手柄章以及一枚装有微缩画像的环扣。

图154：不对称钻石花十字架，将卡尔·林奈（Carl Linneaus）在刊物中提到
的当代花朵之恋与充满力量的信仰象征结合在了一起。

图 155：作为法国君王的妻子，玛丽·莱辛斯卡依循着丈夫的祖父路易十四制定的礼节。
她的宫廷礼服外裹着一件价值不凡的胸衣，上面镶满大钻石和珍珠。路易·托克（Louis
Tocqué）画作的细节图，1740 年。

图 156（下）：不对称钻石小花枝，绽放的花朵和花蕾置于盘根错节的枝丫上，可用作头饰或别在上衣上。来自俄罗斯皇冠珠宝，路易·大卫·杜瓦尔制，约 1760 年。

图 157（左上）：一对不对称钻石珍珠小花枝，可缝到礼服上当作织锦缎图案。来自俄罗斯皇冠珠宝。

图 158（右上）：一对钻石花朵，来自俄罗斯皇冠珠宝。花枝上系有缎带打成的蝴蝶结，令礼服更加闪耀动人。

图 159（上）：红宝石和钻石制成的蝴蝶结形状的胸饰，由带花缎带图案构成，根据蒙顿发表的"宫廷礼服专用大蝴蝶结"设计制成。巴黎，约 1740 年。

图 160（对页）：普法尔茨公主伊丽莎白·奥古斯塔的钻石珍珠胸饰，用来填补从衣领到腰部之间的三角形空间。

下摆令每一位女性都拥有了一处可以展示珠宝的空间，不仅令珠宝夺目于人群中，还能令整体造型看起来更加精美。

　　对于优雅的穿着而言，腕饰是最后一个锦上添花之物。腕饰的主要装饰性特点便是镶有挚友、配偶或孩子的微缩画像的环扣（图 153，图 165）。这一系列的典型代表是布里萨克公爵夫人（Duchesse de Brissac）1756 年的藏品清单中的环扣。这些环扣中展示了她的孩子布里萨克伯爵（the Comte de Brissac）和科塞侯爵（Marquis de Cossé）的微缩画像，以圆形切割钻组成的双环为边框。这一对环扣与九排珍珠相连[19]，而其他一些带画像或不带画像的腕饰是由钻石饰链组成，其中一些使用搭扣进行固定。

　　钻戒闪耀在女士们的手指间，也成为男士们对她们的指间之美表达倾慕之情的完美借口。"联盟"或双宝石婚戒的体积十分庞大，例如摩纳哥亲王（Prince de Monaco）1765 年购买的这一枚，它镶有染色玫瑰钻及绿钻，两颗钻石通过情人结紧紧靠在一起。嫁给法兰西王室亲眷的高级长官的伊丽莎白女爵（Dame Elizabeth Justine de Roissy）的这枚镶有爱心形圆形切割钻的戒指[20]，以及很多嵌有一缕发丝的戒指也可以用来表达情感。自然主义则是以布里萨克公爵夫人的这枚"在一颗钻石及红宝石籫上镶有数颗彩钻的花盆戒指"为代表[21]。由于独粒宝石（图 184）只有国王和最富有的人才戴得起，例如贡托侯爵夫人[22]、波旁·孔德小姐[23] 以及路易十五的情妇——杜巴利夫人（Madame du Barry），中产阶级的梅内斯德里厄夫人（Madame Menesdrieux）也只能佩戴镶嵌为锦簇的小一些的钻石[24]。

18 世纪下半叶的欧洲王室

　　18 世纪下半叶的欧洲王室，和从前一样，钻石仍然是象征着地位和政权的重要物品。在法国、西班牙、葡萄牙、奥地利、俄罗斯、丹麦、德国各公国以及意大利各城邦，国家的治理依靠"君权神授"，但在大不列颠情况大不相同。夏洛特王后（Queen Charlotte）在 1760 年与乔治三世（George Ⅲ）喜结连理之后，成为继 17 世纪的亨利埃塔·玛丽亚之后首位拥有的珠宝可比拟欧洲君王的王后（图 143）。这些珠宝主要是继承所得，还有国王所赠的生日礼物以及十六位孩子的诞生礼。这些钻石均被镶嵌在精美的珠宝上，其中最引人注目的要数四个立柱上均挂有梨形钻石的婚礼小王冠。随着英国在印度的影响越来越大，这些钻石的风头被那些当地的王子、地方行政长官或是发了财的欧洲人赠予的钻石抢了去。五颗漂亮的宝石来自阿尔乔特的纳瓦卜（Nawab of Arcot），另一颗重 32.2 克拉的黑斯廷斯钻是由沃伦·黑斯廷斯（Warren Hastings）代表尼扎姆·阿里汗（Nizam Ali Khan）进贡的。1786 年，夏洛特王后因为拥有太多珠宝，被戏称为珠光宝气的"红心王后"（图 161）。太过耀眼的光亮令人们如梦如幻。与此同时，宝石也和仆人、马车以及建在开阔绿地上的豪华府邸一样成为拥有大量土地的英国贵族的标配。这些东西和王权一样属于不可剥夺的传家宝，随着爵位一起世代传承（图 162）。

　　整个欧洲受路易十四的专制制度影响最大的莫过于萨克森公国了。萨克森公国的银矿和煤矿保证了当地农耕经济的繁荣。公认的"铁腕"萨克森选侯弗里德里克·奥古斯都（Frederick Augustus，1697 年起成为波兰国王，又名奥古斯都二世）在访问凡尔赛之后，他立誓要复制"太阳王"的专制制度[25]。他选择了一些颇具价值的玫瑰式琢刻钻石镶嵌在皇家礼服上，例如重 49.71 克拉的"白色德累斯顿"以及重 39.46 克拉的卵形"黄色德累斯顿"等。如今，和在世时一样，他的巨额藏品被陈列在德累斯顿的绿穹珍宝馆中。有两套被称为"饰品"（garniture）的钻石套装十分精致华美，内含骑士团勋章、鞋子及吊袜带配套的搭扣、纽扣、帽襻以及耀眼的剑柄（图 163）。纽扣在选侯的装扮上也是十分重要的物件，外套前端、衣袋边、袖口、后裾以及内搭背心上都会使用。不仅是实用，它们也强调了外衣的剪裁，并且随着服装变得越来越朴素淡雅，个头也变得越来越大（图 164）。弗里德里克·奥古斯都选侯的第二任和第三任妻子的钻石珠宝也同样价值不菲，其中包括了一条双链项链，一只精美的蝴蝶结胸饰以及一只

　　图 161：在这幅 1786 年的讽刺蚀刻画中，夏洛特王后的旁边还有一颗戴着王冠的红心以及一盒子钻石。

含在鹰嘴里的精美发卡（图 165，图 166）。这笔宝藏中至高无上的荣光来自世界上最大最惊艳的绿钻——德累斯顿之绿（在伦敦进行了重新的圆形切割）。1769 年，这颗钻石被弗朗兹·迈克尔·迪斯帕赫（Franz Michael Diespach）镶在了萨克森的弗里德里克·奥古斯都三世（Frederick Augustus Ⅲ）的帽子上，同时镶嵌的还有数百颗其他圆形切割钻（图 167）。

1727 年，在欧洲的另一边，当葡萄牙君主们得到了从巴西矿场进口的最大尺寸钻石的所有权，他们完全利用钻石来宣示自己尊贵的身份。那些已封存在阿茹达宫（Ajuda Palace）里仍旧散发出光辉的珠宝，来自若泽一世（José Ⅰ），来自他虔诚的女儿玛丽亚一世（Maria Ⅰ），也来自由摄政王继位为国王的若昂六世（João Ⅵ）。它们曾经出现在王公贵族盛装出席的庆典之中：王室成员的诞辰、教堂盛宴、又或国庆纪念日[26]。据法兰西使臣庞贝侯爵（Marquis de Bombelles）所述，1788 年，在本波斯塔小教堂（Bemposta Chapel）举行的濯足节（Maundy Thursday）庆祝仪式上，"王后、公主们以及贵妇们无论老少，均身穿黑丝绒礼裙、头戴蕾丝面纱，挂襻、耳朵、脖子、手臂及胸部的钻石配饰竞相闪耀，凸显着圣周（Holy Week）的盛大而隆重"[27]。尽管国王总是会佩戴钻石肩饰、鞋扣、纽扣、珠宝权杖以及珠宝剑，但令他脱颖而出的还是那精致华美的勋章。作为葡萄牙三大骑士军团——基督骑士团、阿维斯骑士团以及圣雅各布（圣地亚哥）骑士团的大团长（Grand Master）以及一些外国骑士团

图 162（上）：镶满圆形切割钻的百合花珠宝，系有一只蝴蝶结。第五任埃尔金伯爵（5th Earl of Elgin）与玛莎·怀特（Martha White）的婚礼饰品，伦敦考克斯博街的杰弗里、琼斯和吉尔伯特制，1757 年。

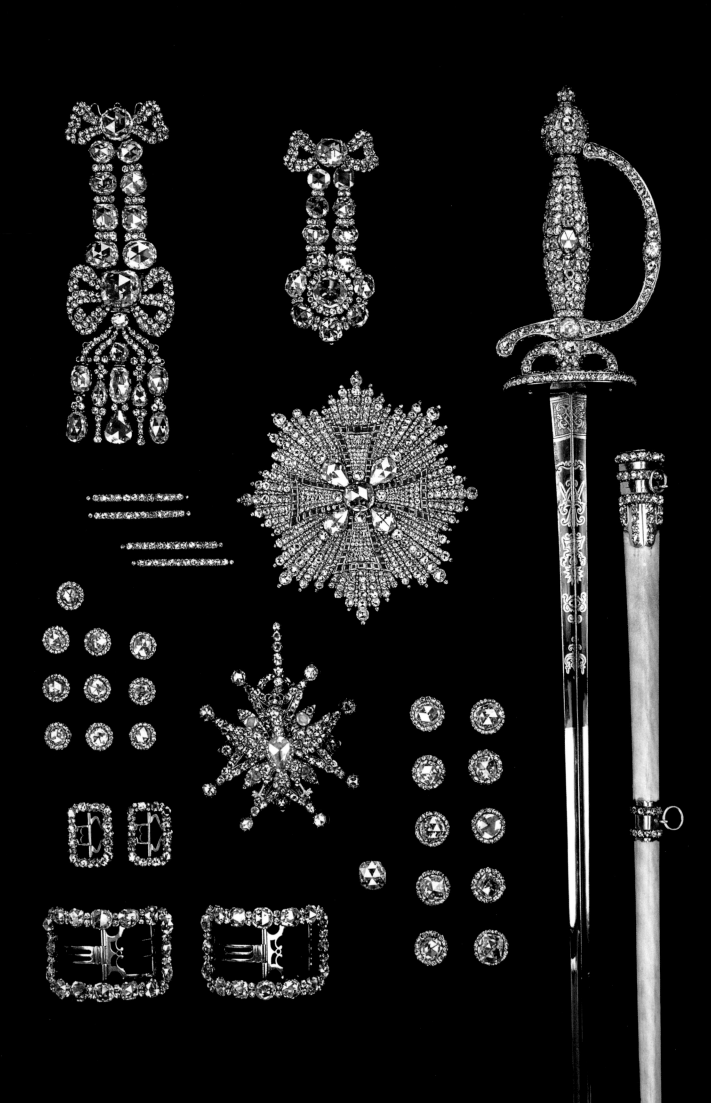

的成员（如金羊毛），他的勋章和王后的珠宝一样恢宏大气（图168，图169）。再看西班牙王室，1714年，腓力五世（Philip V）和伊丽莎白·法尔内塞（Elizabeth Farnese）结婚时，在一众价值不菲的珠宝中，有一颗重6.16克拉的蓝紫色钻石，来自菲律宾殖民地长官。1745年，她的小儿子菲利普（Philip）继位为帕尔马公爵时，她将这颗钻石赠送给了他。1903年，波旁 - 帕尔马家族的埃利亚一世（Elias Ⅰ）与哈布斯堡女大公玛丽亚·安娜（Maria Anna）结婚时，这颗钻石又传到了他们手中。

在更东边的维也纳，为了展现出不亚于法兰西王室的尊贵与辉煌，在1760年，奥匈帝国女王玛丽亚·特蕾西亚（Maria Theresa）换上任期内最隆重的装扮，以庆祝其继承人——未来的约瑟夫二世（Josef Ⅱ）与路易十五的孙女——帕尔马的伊莎贝拉（Isabelle of Bourbon Parma）的婚礼。

图163（对页）：萨克森选侯与波兰国王们的钻石玫瑰套装（1753年、1782—1789年），内含波兰的白鹰勋章，还有肩饰、钻柄剑、帽饰、若干纽扣以及用在鞋上和及膝马裤上的搭扣。

图164（左上）：佩戴着钻石纽扣和白鹰之星的奥古斯都二世。路易·德·西尔韦斯特（Louis de Silvestre）绘，1723年。

图165（右上）：奥古斯都二世的妻子玛丽亚·约瑟法（Maria Josepha），佩戴着俄罗斯和波兰的骑士勋章。头发上别着一枚巨大的泪珠型发卡，刚好位于鹰喙处。彼得罗·罗塔里绘，1755年。

图 166（上）：萨克森选候的妻子们的珠宝，包括弗里德里克·奥古斯都三世的妻子阿玛丽埃·奥古斯塔（Amalie Augusta）的蝴蝶结胸饰。克里斯蒂安·奥古斯都·格洛比格（Christian Augustus Globig）制作，1782 年。

（对页）

图 167（左上）：41 克拉的德累斯顿绿钻，世界上最大的绿钻，1742 年被奥古斯都三世买下。这颗钻石镶嵌在数颗圆形切割白钻之间，于 1769 年被弗朗兹·迈克尔·迪斯帕赫打造成了一件帽饰。

图 168（右上）：金羊毛骑士勋章，由数颗巴西钻、红宝石以及一颗重 48 克拉的蓝宝石组成。安布罗西奥·戈特利布·波莱（Ambrosio Gottlieb Pollet）为未来的葡萄牙国王若昂六世制作，1790 年。

图 169（下）：巴西钻镶嵌而成的珠宝套组，内含葡萄牙三大骑士勋章：基督骑士团、圣地亚哥骑士团（都是红宝石）及阿维斯（祖母绿），顶尖处镶有神圣的基督之心。安布罗西奥·戈特利布·波莱为葡萄牙王后玛丽亚一世制作，1790 年。

图170（上）：穿戴华丽的钻石珠宝的克里斯蒂娜公爵夫人（Archduchess Christina），不久前刚嫁给萨克森的阿尔伯特公爵（Duke Albert of Saxony）。马丁·范梅滕斯（Martin van Meytens）绘，1765—1767年。

不过，她就算是再奢华（图170，图171）也不及被冠以"大帝"之名的俄罗斯女皇叶卡捷琳娜二世（Catherine II）。1762—1796年，作为从波兰到西伯利亚的这一大片领土的独裁者，叶卡捷琳娜为了让众人立刻认出眼前的女皇，在维持形象上的花费不计其数（图144，图156—158，图172—174）。此时的法兰西仍旧走在时尚前沿。1791年，瓦朗坦·埃斯特哈齐（Valentin Esterhazy）伯爵如此描述圣彼得堡的一场舞会："我们仿佛

图 171（顶部）：奥匈帝国女王玛丽亚·特蕾西亚 1760 年 10 月为继承人约瑟夫二世及帕尔马的伊
莎贝拉举办的婚庆盛宴。马丁·范梅滕斯绘，1763 年。

图 172（上）：俄罗斯女皇叶卡捷琳娜二世的帝国皇冠。皇冠上镶有五千颗钻石，边缘处为整齐
排列的大珍珠，正中央为一颗重 57 克拉的八边形钻，十分壮观。皇冠的顶尖处镶有一颗重 389 克
拉的尖晶石的皇冠，是欧洲最贵的一顶皇冠。1762 年，热雷米·波齐耶（Jérémie Pauzié）为叶卡
捷琳娜二世加冕礼制作的皇冠。

来到了巴黎……女皇身穿俄罗斯风格的蓝白无袖裙，围着围巾，蒙着面纱的头上装饰着两颗硕大的鸡心形钻石，还佩戴着钻石耳饰以及一条十分精美的表链。"[28]

图173（下）：路易·大卫·杜瓦尔打造的一对手镯之一，钻石表带，在中央汇作一只蝴蝶结。来自俄罗斯皇冠珠宝。

图174（底部）：颈圈，环带中间镶有二十五颗枕形钻石，上下两边以数颗小钻包裹，中央是一只钻石蝴蝶结。来自俄罗斯皇冠珠宝，18世纪下半叶。

图175（对页）：年轻的奥地利女大公玛丽·安托瓦内特佩戴着她从维也纳带去的珠宝，这些是她准备与未来的路易十六在1772年举行结婚典礼时佩戴的珠宝。弗朗索瓦-休伯特·德鲁埃（François-Hubert Drouais）绘，1773年。

18 世纪晚期的法兰西宫廷时尚

　　1773 年，金匠安格 - 约瑟夫·奥贝尔被任命为法兰西宫廷珠宝匠，1785 年，由查理 - 奥古斯特·伯默尔及其搭档保罗·巴桑格接任。在奥贝尔的分类账目中，记录着从上任一直到 1789 年革命期间的所有宫廷珠宝。从洛可可风格上的转变源自奥贝尔的一位客户，也就是路易十五的最后一位情妇杜巴利夫人。从 1768 年到老国王去世的 1774 年间，这位夫人与奥贝尔的交易额超过两百万利弗尔（livres，古代法国货币）[29]。在宫廷场合亮相时，她的珠宝精美绝伦、品位不俗，但还是给让利斯夫人等作家留下了趾高气扬甚至"厚颜无耻"的印象。

　　作为一直活在公众眼里的专制君主的化身，法兰西王室成员们继续保持着锦衣华服的着装。降生在王室的教子的洗礼仪式以及法国与外国亲王公主们[30] 的婚礼给法国的珠宝匠提供了大显身手的机会。年轻的亲王普罗旺斯伯爵（Comte de Provence）和阿图瓦伯爵（Comte d'Artois）分别于 1771 年和 1773 年与皮德蒙特公主约瑟芬（Josephine）[31] 和萨伏依的玛丽·特蕾莎（Marie Therese of Savoy）[32] 结为姻亲，而婚礼上品相最佳、价值最高的钻石，不仅出现在新娘的饰品套系上，还是赠送给出席了主持婚礼的贵宾的礼物，如怀表、戒指、鼻烟壶、宝剑等。1770 年，年轻的奥地利公主玛丽·安托瓦内特（Marie Antoinette）嫁给王储（未来的路易十六）时，她的嫁妆都来自于在维也纳的珠宝藏品[33]（图 175，图 184）。此外，她很快将巴黎各大工坊中的精品收入囊中，并将之收藏在弗朗索瓦 - 约瑟夫·贝朗热（François-Joseph Bélanger）为她设计的精美陈列柜中。1784年，为了避免珠宝款式过时，路易十六任命安特卫普的珠宝匠人来负责王冠钻石的翻新琢刻[34]。许多王冠珠宝被奥贝尔采用最新琢刻样式进行打磨[35]。尽管在以宫廷节假日及庆典为背景的肖像画中，王后玛丽·安托瓦内特基本没有佩戴任何珠宝首饰，只有天花板上那一盏盏燃烧着上千支蜡烛的水晶吊灯以及落地吉兰朵烛台的光芒映衬着她，但就连嫁给叶卡捷列娜二世的继承人并对俄罗斯的富丽堂皇司空见惯的杜诺德伯爵夫人（Comtesse du Nord）也被王后那"惊世骇俗的打扮"以及如彩虹般闪光的钻石所震撼（图176，图184）[36]。负责为王后举办舞会的奥贝尔任务很重，他抱怨道："在一些场合中，我的工作人员和我得花费三天三夜的时间把钻石镶嵌到礼裙上，为了完成这项工作，我们需要多次前往凡尔赛，因为年轻的公主们越来越多，导致市面上质量上乘的钻石数量也有所增加。"[37]1776年，他"将部分工作分配给女装裁缝贝尔坦夫人（Madame Bertin），因为王后要求将装饰在宫廷礼裙上的王冠钻石镶嵌到八百一十四个钻石底托上"。[38]

在1789年5月5日的议会（États Généraux）开幕式上，面对臣民时路易十六和玛丽·安托瓦内特的着装成了王室成员的典范。一袭黄袍的路易十六佩戴着金羊毛勋章、圣灵骑士团的佩章和项链、为路易十五制作的钻石肩章、全新的纽扣、鞋襻、吊袜带以及宝剑，帽子上的摄政王钻石闪闪发光。王后则是一身银装，点缀着数颗硕大的钻石：吉斯钻及葡萄牙之镜，头发上的桑西钻以及耳坠上的马萨林五号和马萨林六号钻石[39]。这场会议引发了一连串事件，最终导致路易和玛丽被处死以及君主专制的瓦解。

这些恰如其分地显示着旧制度的威严的珠宝采用的是1770年开始流行起来的新古典风格，反映出那些从古罗马城庞贝与赫库兰尼姆的残垣断壁中发掘出土的文物带来的巨大影响。骨灰坛、麦穗、忍冬、棕叶饰、月桂、希腊回纹及胜利纪念柱等古典图案出现了，尽管花朵和缎带并没有完全从设计中消失，但也已经和严格对称的几何图形融为一体，例如八边形、环形及两头圆或尖的椭圆形。此外，从18世纪60年代起，出现了一种独特的宝蓝色（Royal Blue）珐琅，随之而来的紫罗兰和绿色的组合也被用于多种款式的珠宝中，并用玫瑰钻石组成个性化的暗语、文字以及纪念章，丰富的色彩背景更能体现出钻石闪耀的光亮。玫瑰式切割被圆形切割代替，就像在奥利弗·戈德史密斯（Oliver Goldsmith）1773年的喜剧作品《屈身求爱》（She Stoops to Conquer）中，哈德卡斯尔太太对"一切过时的玫瑰式或台式切割的东西"嗤之以鼻。通过钻石买卖发了财的奥贝尔不断地从里斯本、伦敦和阿姆斯特丹搜寻枯叶色（大概是浅棕）、蓝色、绿色、玫瑰色的彩色钻石作品，并且为自己能够供应同等大小和质地的钻石而颇为骄傲[40]。

18世纪70年代开始，盛装打扮之后，人们会用人造发垫盘起高发髻并在顶尖处用弯曲的羽饰装点，令珠宝拥有了更多的施展空间，仿佛天空中闪烁着的星星一般。钻石挂襻被设计为羽毛、茉莉花以及被称为小绒球的团簇状。1783年，玛丽·安托瓦内特王后受到古典艺术的启发，定制了十二支麦穗。这些镶嵌着815颗钻石的麦穗如同聚宝盆一样，代表着富裕。1784年1月1日，她与国王一起将另外十二支镶有1075颗圆形切割钻的

图176（对页）：在这幅官方肖像中，王后玛丽·安托瓦内特佩戴的珠宝反映出她崇尚简约的品位，并且比其前任玛丽·莱辛斯卡更审慎。让-巴蒂斯特·安德烈·戈蒂埃·达古蒂（Jean-Baptiste André Gautier-Dagoty）绘，1775年。

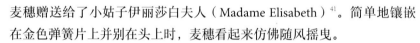

麦穗赠送给了小姑子伊丽莎白夫人（Madame Elisabeth）[41]。简单地镶嵌在金色弹簧片上并别在头上时，麦穗看起来仿佛随风摇曳。

为了平衡头发的高度，耳饰的形状变得越来越修长（图 177，图 178）。去掉了花枝以及缎带造型之后，三颗水滴的吉兰朵款式仍然受人喜爱，而更加简约的双层耳饰悄悄风靡起来。这种耳饰的底部水滴通过花结与顶部项链，或是用饰链联结，可随意摆动，就像伊丽莎白夫人手中的这一副："这副耳饰每一只都镶有一颗圆钻，下坠一条由九颗宝石座镶嵌的圆钻石组成的饰链"[42]。玛丽·安托瓦内特要求把包括四颗马萨林钻在内的六颗钻石分别镶在三副双层耳饰上[43]，但她拒绝了伯默尔原本为杜巴利夫人[44]制作的由六颗梨形钻组合而成的吉兰朵耳饰。1784 年，王后从奥贝尔那里购买了六颗圆形切割钻，这六颗钻在形状和质地上均十分相配，各重 17.75 克拉，被镶进了一副耳环中，而镶嵌底座首尾相连形成了一个镶满钻石的圈[45]。米尔扎（Mirza）是一种带有异国风情的创新设计，这是一种附带着水滴形饰品的耳环，源自印度或波斯风格，从 1781 年开始风靡起来。1784 年，弗金斯的路易·夏尔·约瑟夫·格拉维耶（Louis Charles Joseph Gravier）的婚礼上便出现了从珠宝匠索莱（Solle）处购得的一副米尔扎风耳环[46]。

珠宝史上一些最为惊艳的项链冲击着珍珠贴颈短链的至高无上的地位（图 179）。那些本身就足够美丽的钻石都被制作成了项链，包含一条或两条由风格一致并镶嵌在底托中的钻石组成的链子，可能会再用一些铰链将一条长链悬挂或垂坠在主链条上进行装饰，和玛丽·安托瓦内特王后 1782 年购买的那条项链十分相似[47]。1775 年，摩纳哥亲王引领了"花边饰"（passementerie，带有底部流苏垂花饰）的风潮："饰有花彩和流苏的项链，镶有一百四十七颗带有底托的大尺寸钻石，每一颗的背面均有编号"[48]。这种风格与造成玛丽·安托瓦内特王后名誉尽毁的"钻石项链事件"有关。这条项链出自两名珠宝匠伯默尔和巴桑格之手，他们将十七颗大尺寸圆钻制成主链，主链上悬挂着三个花彩，并有若干水滴形吊坠作为装饰；主链下两根长链的四端各有一只蝴蝶结吊坠，每只蝴蝶结下面还垂饰了五束流苏。1785年，这条重2800克拉的项链被献给了路易十六，作家兼历史学家托马斯·卡莱尔（Thomas Carlyle）曾说，这件首饰是件"瑰丽的珍宝，只有世界上最尊贵的王后才配得上它"。在国王和王后拒绝购买这条笨重的项链之后，野心家德拉莫特夫人（Madame de la Motte）设圈套让珠宝匠相信红衣主教罗昂有意购买这条项链来讨好王后。得到项链

图177（对页上）：一副圆钻耳饰，顶部钻石簇与一条长链通过一只蝴蝶结项链，将水滴形透雕吊坠包围了起来（约1780年）。钻石因为能够捕捉光线，会随着耳饰的摆动散发出迷人的光芒。

图178（对页下）：一副耳饰（约1790年），每只分别由一颗单钻、一颗枕形切割圆形冠面的八克拉钻石以及一颗大约20克拉的梨形水滴钻组成。中间和底部的钻石周围都有小钻包边，且这两部分均可拆卸。罕见的大尺寸使得这些钻石的光辉更加耀眼。

图179（下）：五彩桂冠项链，卵形底托上镶嵌的彩色宝石之间以钻石分隔，各钻石用蓝色珐琅框相连，在中央汇聚成钻石组成的持有人名字首字母的个性装饰。

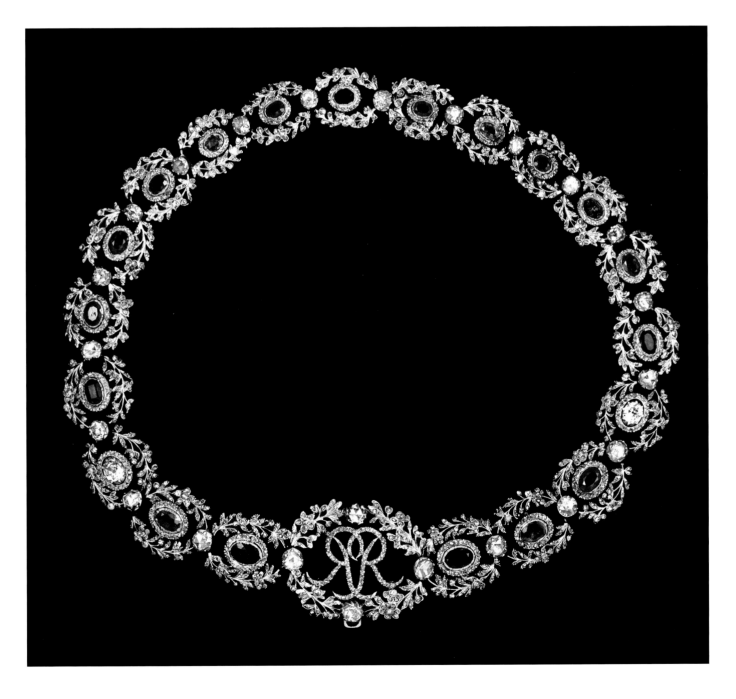

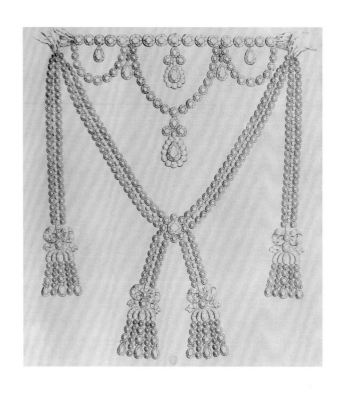

后，她企图将上面的钻石卖掉，后来她和同伙被抓捕并送上了法庭。当时的法国革命爆发在即，这桩丑闻严重地损害了王后的名誉（图180）[49]。

除传统的几种钻石十字架之外，还有一种创新式样叫作珍妮特十字架（croix à la Jeannette）。当时的女仆有佩戴十字架参加圣约翰的庆日的传统，她们购买的这种十字架通常在十字交叉处带有一枚爱心形的套索或环扣，后将这种十字架统称为珍妮特十字架。法兰西宫廷贵妇们，如伊丽莎白夫人，在建筑、艺术、园林和制造方面均天赋异禀的法兰西总指挥官的妻子安吉维尔伯爵夫人（Comtesse d'Angivilliers）以及王室后裔的家庭女教师盖梅尼公主（Princesse de Guéménée），纷纷开始追逐这种潮流。尽管盖梅尼公主财力雄厚，但挡不住她的丈夫、法国王室总管家将财产挥霍一空，1782年，公主不得不放弃包括"镶有数颗钻石并带有心形环扣的珍妮特十字架"在内的一切财富[50]。1781年，为了庆祝王储的诞生，时髦的人们纷纷佩戴上和珍妮特十字架一样时髦的黄金海豚和镶了钻石的丰裕之角。

戴在脖子上的饰品还有项链垂饰，或是装有一缕发丝或微缩画像的饰匣。盖梅尼公主的藏品中有一枚十分华丽的垂饰："镶有十七颗钻石，三叶草形环扣则由两白一黑三颗钻石组成"[51]。另一枚别出心裁的肖像垂饰上镶满了钻石，代表着巴黎珠宝匠人卓越的技艺。这枚勋章于1768年被授予访问巴黎的丹麦国王克里斯蒂安七世（Christian VII），上面刻着克里斯蒂安七世的侧面画像（图181）。

用于宫廷场合的盛装，女士的紧身胸衣会用珠宝装饰成最新款最流行的风格。1783年，奥伯特为女王改造了老式的胸饰，他将795颗大宝石设计成玫瑰花结和垂有流苏的蝴蝶结的新样式[52]。最令人惊叹的服装当属一件镶嵌了上千颗切割精美的钻石，由肩结、蝴蝶结、前后大裙摆组成的华丽盛装。

计时技术的提高使得佩戴怀表的人也多了起来。表壳上镶满了钻石，例如1784年为弗金斯的路易·夏尔·约瑟夫·格拉维耶的婚礼打造的这款"一圈圈同心圆上镶满了圆形切割钻石的怀表"[53]。同样制作精良的是连接在怀表上的钻石链条，使用的是品质最好的钻石（图182）。而奥贝尔为王后玛丽·安托瓦内特打造的这一款，还在悬挂于礼裙两侧的珍珠表链上增加了两颗巨大的王冠钻石[54]。

将镶嵌在底座中的钻石简单相连便是一条钻石手镯，成对的手镯像蜻蜓的光之河一般缠绕在手腕处，例如1773年，阿图瓦伯爵的婚礼上的伴娘获赠的这些手镯[55]。其中一副的搭扣上嵌有一幅路易十五的微缩画像，

图180（上）："王后的项链"，查理-奥古斯特·伯默尔与保罗·巴桑格制作，约1770年。尽管王后玛丽·安托瓦内特拒收这条项链，它还是导致了丑闻的发生，败坏了王室的名誉。

令人一眼便知这是王室贡品。除了表达政治上的忠诚，手镯还可以寄托情感。奥贝尔为贝里夫人打造的手镯"在蓝色底衬上，其中一只刻着大写字母 M.D，另一只上有两只喙尖相对的斑鸠拼成的雕饰，图案均使用玫瑰式钻石拼接而成，外部镶有一圈圆钻石"（图 183）[56]。

有两款戒指专门用来庆祝富含政治意义的事件：一个是天空之戒，代表着听到王后怀孕的消息所感受到的幸福；另一个则是 1785 年的新生之戒。天空之戒的蓝色底衬上镶嵌着数颗小钻，像夜空中的星星在闪烁着，而新生之戒上则只在中央嵌有一颗大尺寸钻石发光发亮[57]。戒指上的几何图形遮盖住了大半个手指（一直到指关节处）。《巴黎图景》（Le Tableau de Paris）提供了在 1789 年大革命之前巴黎城市生活的全景图。1788 年，《巴黎图景》的出版商兼编辑路易 - 塞巴斯蒂安·梅西埃（Louis-Sébastien Mercier）点评道："现在的戒指尺寸很大……女人的手就像是戒指匣子一样，里面有镶嵌在卵形的、方形的、菱形的或是八边形铅制玻璃上的独粒钻石"[58]。戒指通常也寄托着情感，里面会装着一缕发丝或是微型肖像。其中最奢华的款式不仅边缘处被钻石包裹，还会出现用钻石铺成的平面画[59]。还有一些"隐晦"的款式，例如 1776 年，摩纳哥亲王找到奥贝尔订购的这一枚，其中蕴藏着被"缄默之神"守护的一种心理作用。人物的一根手指放在嘴上象征着祸从口出，整体以灰色上色、钻石镶边[60]。

爱摆阔的不仅是王室成员，对于一些有些地位的女人而言，在公众场合以一身珠光宝气亮相是十分常见的。未来的拿破仑一世的史官及行政长官雅克·的·诺文斯（Jacques De Norvins）评论说，当一个时髦的传教士在巴黎的圣洛克教堂举行的盛大的婚礼、洗礼仪式或葬礼上布道时，那些戴着珠宝的女人们便会对着那些向她们打招呼的教堂会众炫耀身上的钻石，谁也不曾察觉富贵与贫穷之间的不相称[61]。

图 181（上）：黄金人像垂饰，上面有带着月桂王冠的丹麦国王克里斯蒂安七世的浮雕画像。整个肖像都以蓝色为底衬，全钻制成，1768 年由巴黎金匠工会献给国王。

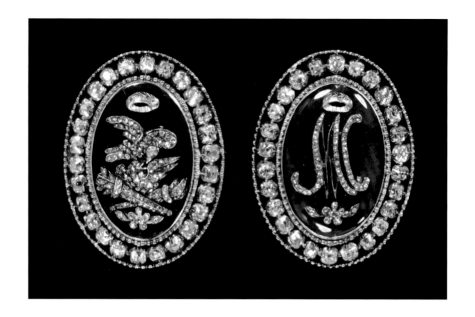

《巴黎图景》（1783年）中针对这种炫耀和铺张的批判更是毫不留情，文中认为这就是"一种毫不体面、违反人性的犯罪""钻石代表着道德上的冷漠，令所有拥有它的人的心变得坚硬，还有什么奢侈品比这更加空洞更加残忍吗？"作者路易 - 塞巴斯蒂安·梅西埃继续写道：

> "女士手臂上戴的钻石值好几个经营有方的农场，但她的眼神令我有些反感。而穿戴钻石的男士同样令我感到难以磨灭的厌恶。所有的这些令他骄傲无比的石头，都反映出一颗冰冷而僵化的心，而最重要的是，男士越是狂妄，他的灵魂就越是一文不值。"

1789年之前，法兰西就弥漫着大革命的气息，导致国家进入无政府状态，并出现接二连三的处决和人民大逃亡。之后，伦敦出现了大量的钻石交易[62]。1792年的9月，在一片骚乱中，皇家宝藏库中的王冠珠宝被盗[63]。象征着法兰西之伟大的国家财产被盗，震惊于此的革命政府国民公会（Convention）遂全力惩处盗贼并追回这些珍宝。

图182（对页）：钻石胸针链以及怀表，朱莉安·玛丽（Juliane Marie）赠送给儿媳、丹麦王后卡罗琳·玛蒂尔达（Caroline Matilda）的一件礼物。机械装置来自巴黎的若丹（Jodin），胸针链和表盖上有菲斯塔因的签名。哥本哈根，1767年。

图183（顶部）：一副法国手镯搭扣（约1770年），卵形钻石包边，围绕着蓝色铅制玻璃背板，上面的钻石图案寄托着情感：左为一顶爱人的王冠，下有丘比特的弓箭、婚姻之炬、两只喙尖相对的斑鸠以及一朵"勿忘我"组成的纪念图案；右边为大写字母，上方也有爱人的黄金王冠以及"勿忘我"。

图184（上）：黄金戒指，镶有一颗重5.46克拉的蓝钻。未来的王后玛丽·安托瓦内特在维也纳购买的钻戒，由于这是个人财产，因此她可以随意处理，在即将被处决时，她将这枚钻戒送给了卢博米尔斯卡公主（Princess Lubomirska）。

第六章

不可一世的君王做派

（1800—1900年）

"那些钻石如此耀眼／纵丢失于街头巷尾／终将重回王权在握的主人手中。"

夏尔·克罗，《檀香木匣》（1873年）

拿破仑大帝的珠宝

没有人会把法国皇帝拿破仑（Napoleon）当作一位对艺术毫无兴趣的赞助者，相反，他将艺术作为一种和平手段来显示他依靠军事天赋赢得的政治权力。他坚决要求法国的所有王室活动必须严格遵照条约，以路易十四任期时凡尔赛的雍容华贵为标准来举行。这一规定令他开始赞助珠宝艺术，也将政治目的与赞助行为紧紧联系在了一起。和 17 世纪一样，这种雍容华贵的氛围在他宣布成为法国皇帝时便通过浮夸的珍宝变为现实，1810 年，这种浮夸之风在他与第二任妻子——奥地利的玛丽·路易丝公主（Marie Louise）的婚礼上达到空前绝后的高点。那时，小说家奥诺雷·德·巴尔扎克（Honoré de Balzac）在 1830 年《家庭的和睦》（*La Paix du Ménage*）中写道："到处都闪耀着钻石的光芒，就好像全世界的财富都汇聚到了巴黎，钻石从未被如此追捧过，也从未被打磨得如同烟火一样绚烂。"正是数量众多且品质精良的珠宝令王室呈现出浮夸的气派，也令初来乍到的元帅、将军、承包商和银行家等摇身一变成为王室成员和贵族人士。珠宝维护了他们在社会中的地位，也令他们迅速适应了新的身份地位。

与此同时，拿破仑决定让巴黎重回奢华与时尚的创意中心的地位。这一地位自 1789 年大革命起便不再属于巴黎。他的政策十分奏效，1807 年，根据商务大臣起草的报告，巴黎这座城市中有不少于 400 名珠宝商，有 800 名男性和 2000 名女性受其雇用。1803 年，巴黎珠宝贸易就已经在他的带领之下走上了复兴之路。那年，《亚眠合约》（*Treaty of Amiens*，英法双方暂时休战条约）签订后，许多外国游客带着他们的珠宝来到巴黎进行重新打磨。王室成员在与外国人通婚时通常会带上他们的珠宝，于是这些与时俱进的巴黎设计通过他们传播到了世界各地。最重要的是，通过时尚杂志能够让读者第一时间知晓最新的穿搭与珠宝时尚。巴黎一直担当着工艺设计引领者的角色，直到 20 世纪 40 年代，受到了来自意大利和美国（见第七章）的冲击，但这种优越性已植根于这座城市之中。所以，如果拿破仑和他的王廷认为巴黎的成功得益于法国珠宝匠人的天赋异禀，那么，这些匠人们反之也应当感激拿破仑的赏识。

拿破仑的宏伟蓝图中非常重要的一部分便是重新打造王冠珠宝。这一系列宝石藏品被指定为法国王冠上不可剥夺的财产，由弗朗索瓦一世在 16 世纪建立并储藏在巴黎协和广场的皇家宝藏库中，但在 1792 年 9 月失窃，造成了历史学家贝尔纳·莫雷尔所说的"历史上最大的一起盗窃案件"[1]。在那之后，法兰西大革命时期的国会国民公会任命公共安全委员会将宝藏追回，其中一些偷盗者被审判。然而，由于急需筹钱，国民公会将其中一些宝石变卖，并且从 1795 年起，接任国民公会的督政府（Directory）将留

〔第160—161页〕

图 185（左）：法兰西共和国第一任执政官拿破仑，身穿制服、腰间挂着佩剑，手指那些记录着令他获得政治权力的军事胜利的文件。安托万 - 让·格罗（Antoine-Jean Gros）绘，1802 年。

图 186（右）：执事之剑，双龙剑柄处分布着数颗具有历史意义的绝佳钻石，摄政王钻石赫然在列。玛莉 - 艾蒂安·尼铎（Marie-Etienne Nitot）与奥迪欧（Odiot）、布泰（Boutet）制作，1802 年。

存的所有宝石全部抵押，以维持法兰西军事行动的开销。历史学家兼珠宝匠热尔曼·巴普斯特（Germain Bapst）如此说道：

> "因此，在 1797 年和 1800 年，法国骑士所骑的马都是王冠钻石换来的。也就是说，里沃利（Rivoli）会战中，拉萨尔（Lasalle）轻骑兵以及凯勒曼（Kellerman）骑兵冲锋陷阵时，这些钻石也参与其中，后者通过攻破奥特将军（General Ott）的防线成为马伦戈（Marengo）战役胜利的关键。"[2]

　　1799 年 11 月 9 日的政变之后，拿破仑成为首席执政官，急需追回王冠珠宝。1804 年，参议院宣布拿破仑为皇帝之后，他继续扩大着藏品的数量。拿破仑在执政期间谨小慎微，成立了珠宝匠委员会，负责给宝石估价并将它们详细地记录入库。他的仓库分类细致，列明产地、重量、大小以及价值，堪称仓库管理的典范[3]。从大小和品质来说，拿破仑追回的最为重要的一颗钻石便是从戈尔康达找回的重 140.64 克拉的摄政王钻石。这颗钻石曾经在 1717 年被摄政王奥尔良公爵菲利普二世买下，后以 250 万利弗尔抵押给了柏林的典当商。追回之后经过一番讨论，拿破仑将其作为首席执政地位的专用象征，任命玛莉-艾蒂安·尼铎将它镶嵌到执政宝剑的掐丝金翼双龙坐镇的剑柄上（图 185，图 186）。1812 年，这柄宝剑被更具帝王之气的宽剑（the Glaive）设计替换下来后，摄政王钻石被镶在了圆形的刀柄头上。在斜挎的白色天鹅绒宝剑肩带和剑鞘处镶嵌着更多的钻石，肩带上还有许多拿破仑的象征：蜜蜂、星星、霹雳、月桂以及大写字母"N"。尽管为了避免被侵略者哥萨克掠夺，1814 年，这些钻石被取下，但其豪华壮观已经被记录在了水彩画中[4]。

　　为了让拿破仑在加冕礼和其他官方场合（例如第二次婚礼）中进行展示，更多的珠宝被打造了出来。身侧宝剑、帽子纽扣和穗带、花结肩饰、荣誉军团勋章、鞋子和吊袜带搭扣以及与正式的金线绣天鹅绒宫廷服饰配套的纽扣上，均有熠熠生辉的钻石在闪烁，宣告着他对臣民的统治权。自相矛盾的是，对于拿破仑本人而言，他一点也不在乎珠宝，只不过建议那些他给了不少钱的人"私下里要节俭，谨慎对待每一分钱，但在公共场合要保持气派"，而他自己就是这么做的[5]。他的手指上从不戴满戒指，他的怀表也是最简单的款式，口袋里的鼻烟壶也是如此。而且，他最偏爱的打扮就是人们十分熟悉的不加修饰的三角帽和朴素的灰色双排扣男士骑装长外套，而不是夸张的宫廷服饰。从他生命中的女人们的身上反而能够感受到他强大的影响力，最具代表性的就是 1796 年的第一任妻子约瑟芬·德·博阿尔内（Josephine de Beauharnais）。

皇后及法国皇廷

1797年，拿破仑在意大利境内大获全胜，这位共和党将军的妻子约瑟芬，以其优雅的穿衣打扮和对服饰、珠宝的品位与热情，给人留下了深刻的印象。因此，由于拿破仑的实力越来越雄厚，他准许她从大力扩充过的王冠珠宝中挑选宝石和珍珠使用。另外，他不仅鼓励约瑟芬继续随心所欲地购买宝石以扩充其私人收藏，还亲自指导她的着装搭配，以保证她在杜伊勒里宫及其他地方举办的盛大节庆上的穿着打扮足够吸睛，符合他意。1804年，在巴黎圣母院加冕为皇后的那一刻是她的鼎盛时刻，所有在场的人们都为她的优雅与稳重鼓掌（图187，图188）。1805年，在米兰教堂举行的拿破仑的加冕礼上，她那一身光彩夺目的打扮同样令人印象深刻，她看起来如同命中注定属于帝王家一般。从1804—1809年拿破仑与约瑟芬离婚这段日子里，在购买新的珠宝的同时，已有的那些也进行翻新、用作交换或是拆卸。她将所有被认定为王冠珠宝的饰品悉数归还，并且把个人财产中比较值钱的一部分送给了她的儿子欧仁·德·博阿尔内（Eugène de Beauharnais）和女儿荷兰王后奥坦丝（Hortense，图190）。不过，1814年，她去世之时，在那间可以俯瞰巴黎边上的马勒梅松公园的卧室里，手边的储藏柜中还保存了她大量的珠宝藏品。她的遗产名录中列有一百三十件价值1932263法郎的物品，之后贬到市值的一半[6]。直到去世时，她还欠一些

图187（下）：图188的细节图，头上戴着象征胜利的钻石月桂花环的皇后约瑟芬双膝跪地从丈夫拿破仑手中接过皇冠。

图188（对页）：拿破仑成为法兰西最高统治者的加冕礼，来宾包括庇护七世（Pope Pius VII）及神职人员、各元帅、波拿巴家族成员以及法国王室成员。雅克-路易·大卫（Jacques-Louis David）绘，1804年。

珠宝匠的钱，因此可以判断，到了生命尽头时，她还在不停购买珠宝。

　　拿破仑为第二任妻子、玛丽·安托瓦内特的侄女、哈布斯堡王朝女大公玛丽·路易丝打造的珠宝则更加豪华（图189）。瓦格拉姆亲王及副陆军统帅贝尔蒂埃（Berthier）于1810年3月抵达维也纳，将第一批装满巴黎最新流行款的珠宝箱按照官方要求送到路易丝手中，其他精美的珠宝也相继送达，1811年3月20日，在罗马皇帝继承人的诞辰礼上，珠宝大放异彩。其中那些被认为是19世纪最气派的珠宝是王冠珠宝中的一部分，但拿破仑仍然又送给她一些价值不菲的珠宝以作私用（图191—图193）。听从皇后的女侍官（dame d'atou）卢萨夫人（Madame de Luçay）的意见，拿破仑重新开始强调服饰和珠宝的重要性。拿破仑与路易丝结婚初期，他曾抱怨皇后在圣克卢举行的一场活动中没有佩戴钻石。他并不理会路易丝的理由，宣布"要不惜代价地保证皇后在任何时候都保持正确的穿着打扮方式"，用最快的时间补上这课。拿破仑权力的巅峰是在1812年与玛丽·路易丝的父亲及继母——奥地利的皇帝和皇后，在德累斯顿的会面上。在那次随处可见王冠珠宝的会面中，金光闪闪的钻石让所有人眼花缭乱。玛丽·路易丝宣布她的丈夫将统治整个欧洲。她的管家巴尔豪先生（M. Balhouey）将1810年6月16日—1815年1月29日之间购买的所有珠宝和怀表悉数记录在册，包括供应商的名字、价格、用途（赠礼或自留）。经过补编一些画像和现存珠宝，这份意义重大的文件唤起了法兰西帝国的荣耀与辉煌[7]。尽管这位19岁的新娘从未渴望拥有约瑟芬皇后的精致典雅，但有了路易-伊波利特·勒鲁瓦（Louis-Hippolyte Leroy）的礼裙搭配她的珠宝、身高、白瓷般的肌肤以及茂密的金发和碧蓝的双眼，约瑟芬在所有官方场合中不仅撑得起自己的身份，并且衬托了年轻貌美的容颜。

图 189（下）：1810 年 4 月 2 日，拿破仑与玛丽·路易丝女大公在巴黎卢浮宫的方形沙龙举行婚礼。乔治·鲁热（Georges Rouget）绘，1811 年。

图 190（左下）：奥坦丝王后及其儿子。从她的礼裙和珠宝可以看出她作为约瑟芬皇后之女、荷兰国王路易·波拿巴（Louis Bonaparte）之妻的身份地位。弗朗索瓦 - 帕斯卡尔 - 西蒙·热拉尔（François-Pascal-Simon Gérard）绘，1807 年。

图 191（右下）：身着传统风格服饰搭配纯白钻石套装的玛丽·路易丝皇后。钻石套装由 F.R. 尼托于 1812 年打造，嵌有王冠珠宝上颇具历史意义的钻石。罗伯特·勒菲弗尔（Robert Lefèvre）绘，1812 年。

图 192（右上）：在罗马国王出生时赠予玛丽·路易丝皇后的项链，由圆形切割方钻组成，挂有水滴形及梨形钻石。尼托制作，1811 年。

图 193（上）：皇后玛丽·路易丝的祖母绿钻石套装中的项链和耳坠，对称设计，借鉴了罗马艺术中的棕叶饰图案。尼托制作，1810 年。

皇帝坚持贯彻豪华的原则，鼓励所有波拿巴家族及王室成员以精美的珠宝与着装亮相公众场合。波拿巴妇女的领头人是拿破仑的母亲莱蒂西亚夫人（Madame Laetizia），随后是她的三个女儿：波莉娜（Pauline，图194）、那不勒斯及西西里王后卡洛琳（Caroline）、托斯卡纳女大公埃莉萨·巴西奥克希（Elisa Baciocchi）；三位儿媳：奥坦丝、朱莉（Julie）、凯瑟琳（Catherine）以及1807年之后成为时任意大利总督欧仁·德·博阿尔内德妻子的巴伐利亚的奥古斯塔公主。三位儿媳分别是荷兰、西班牙及威斯特伐利亚（Westphalia）王后（图195，图199）。她们小心翼翼地遵循着拿破仑的规定，因为每当拿破仑一走进房间时，他那老鹰一般的目光会迅速落在穿着打扮令他满意的人身上，他会赞美这个人，还会批评其他难以出众的人。

正如皇帝希望的那样，在1805年盛大的加冕礼上，正是女士们头顶上、脖子上以及手腕上闪着光的钻石以及男士们的勋章和装饰品赋予了这场壮观的场景以富丽堂皇之气。1806年，在约瑟芬的侄女斯蒂芬妮·德·博阿尔内（Stéphanie de Beauharnais）和巴登大公卡尔（Karl）的婚礼上，相

图194（对页上）：戴着压发梳、冠饰、耳坠及镶有浮雕的腰带搭扣的波莉娜·博尔盖泽（Pauline Borghese）。浮雕出自罗马艺术家之手，罗伯特·勒菲弗尔绘，1806年。

图195（对页下）：图188的细节图。出席拿破仑加冕礼的拿破仑的妹妹波莉娜·博尔盖泽、卡洛琳·缪拉、埃莉萨·巴西奥克希以及兄嫂奥坦丝、朱莉。

图196（上）：威斯特伐利亚王国国王热罗姆·波拿巴（Jerome Bonaparte）的机芯手表。佩戴者可以通过触碰表盖上的钻石箭在黑暗中读时间。宝玑（Breguet）制作。

似的盛景再次出现。王后和公主们"像被埋在了宝石堆里……新娘一身白纱，裙面绣满银色的星星，头上顶着钻石麦穗以及香橙花束"[8]。此情此景与 1810 年玛丽·路易丝与拿破仑结婚时何其相似，那时的婚庆队伍进入杜伊勒里宫时（图 189）[9]：

> 声势浩大的队伍各分三列在宏伟的长廊两侧，精心打扮的宫廷贵妇们以及汇聚了日光的熠熠生辉的钻石绚烂夺目……即便如此，她们依旧在帝王家族现身时风头顿失。清晨时分，六位公主好似六位女神下凡，时至傍晚，她们又如星河般璀璨。

图 197（下）：王后德希德蕾亚，瑞典国王卡尔十四世的妻子，佩戴着一只"丰裕之角"钻石王冠，象征着繁荣昌盛。弗雷德里克·韦斯廷（Fredric Westin）绘，1830 年。

图 198（对页上）：巴伐利亚的马克西米利安一世的王冠，王冠底座上交汇于顶部的黄金葡萄藤上镶嵌着数颗价值不菲的宝石。尼托、菲尔斯、马丁-纪尧姆·比纳斯（Martin-Guillaume Biennais）及让·巴蒂斯特·德·拉纳（Jean Baptiste de Lasne）根据查理·佩西耶设计制作，1806—1807 年。

图 199（对页下）：在威斯特伐亚加冕为国王及王后之后，拿破仑的弟弟热罗姆（Jerome）与其妻子——符腾堡国王的妹妹凯瑟琳（Catherine）的合照。弗朗索瓦-约瑟夫·金森（François-Joseph Kinson）画作的细节图，1807 年。

其他欧洲统治者很快也接纳了这种充满帝国之气的宫廷珠宝风格。最热衷于此的是巴伐利亚选帝侯及后来的巴伐利亚国王马克西米利安一世（Maximilian Ⅰ）。他为自己和王后从尼托那里订购了两顶王冠和勋章（图198，图200）。同样，波拿巴王朝的时任法国元帅约翰·贝尔纳多特，即瑞典、挪威国王的卡尔十四世（Karl ⅩⅣ），从尼托那里为妻子德希德蕾亚（Desideria，图197）购买了一颗红宝石和一套钻石套装，就是为了在1804年巴黎圣母院举办的拿破仑一世与约瑟芬皇后的加冕礼上，让王后在波拿巴皇室面前显得毫不逊色（图201）。

图 200（对页）：路德维希一世之妻、巴伐利亚的王后特蕾莎，为自己的王后加冕礼戴上了一项王冠和冠状头饰。这些饰品由尼托菲尔斯根据查理·佩西耶的设计制造（1806—1807 年）。约瑟夫·卡尔·斯蒂勒绘，1827 年。

图 201（上）：未来的瑞典王后德希德蕾亚在拿破仑的加冕礼上佩戴的红宝石和钻石套装。项链和耳饰均为真品，但冠状头饰为仿品。

图 202（上）：罗马皇帝拿破仑的缟玛瑙浮雕肖像，身披垂褶外衣，上面别着象征性的蜜蜂图案，搭扣处带有代表他名字的大写 N，头戴桂冠。背面是一只脚踩霹雳、象征着力量的黄金鹰，以天青石蓝底为底衬。这是拿破仑送给东印度公司官员威廉·弗雷泽（William Fraser）的刻有尼古拉·莫雷利（Nicola Morelli）的浮雕珠宝饰物。当拿破仑被流放到圣赫勒拿时，这位官员从印度送过书籍、隼及酸辣酱给他。

从以上描述中可以看出，这些盛大场合中超乎想象的富丽堂皇是来自新修建的皇宫中陈列着的大量钻石珠宝。约翰·莫（John Mawe）在他的《钻石及宝石论》（1813 年）中解释道，这些石头之所以吸引眼球是因为它们具有吸收光线并反射出更强、更具光泽度的光线的特性。在拿破仑的其他一些珠宝中，钻石并不是主要角色，而是用来给彩色宝石镶边比如红宝石、蓝宝石、祖母绿、尖晶石、绿松石、蛋白石。典型的帝国宫廷珠宝是珠宝套组或是风格统一的套装，其中，戴在头上的冠状头饰、压发梳以及耳环、项链、腰带、饰针、手镯上镶着同色宝石，宝石底托采用的也是相同设计。这种风格上的统一使得佩戴者能够用多个协调搭配的珠宝显得完整而令人印象深刻。

两位皇后和皇家珠宝委员会的财产清单中，最负盛名的巴黎珠宝匠的名字赫然在列。他们是在标准严苛的旧制度之下培训出的匠人，对于王室的赞助十分欢迎，这也给了他们利用大量珍贵宝石制作华丽珠宝的机会。在执政期间，约瑟芬雇用了埃德梅·玛丽·丰西耶（Edmé Marie Foncier）及其女婿伯纳德·阿曼德·玛格丽特（Bernard Armand Marguerite），并以皇后的身份征用了自玛丽·德·美第奇执政期间就在法国成立起来的梅莱里奥公司（Firm of Mellerio）。最重要的套装都是由玛莉-艾蒂安·尼铎和他的儿子弗朗索瓦-勒尼奥·尼铎（François-Regnault Nitot）负责供应。他们也是拿破仑指定的御用珠宝匠，曾经为玛丽·路易丝王后打造过绝美的钻石珠宝[10]。订单不仅包含自用的，还有在重大场合进行展示的珠宝（图 202，图 203），规模大到需要转包，因此珠宝生意一直十分兴隆。

为了与王室建筑师查理·佩西耶和皮埃尔-弗朗索瓦-莱昂纳尔·方丹（Pierre-François-Léonard Fontaine）的风格保持一致，珠宝在设计中也加入了对称、明线以及浮雕、装饰图案等源自古希腊罗马艺术的元素，例如棕叶饰、忍冬、里尔琴、希腊回纹、爵床科植物、橄榄、香桃木等。为了彰显地位，戴在头上的冠状头饰及压发梳的设计都十分大气壮观，能够让佩戴者看起来更挺拔、尊贵以及位高权重。约瑟芬的纯古典冠饰为了吸引众人注目，镶满了大量钻石。她在佩戴时将冠饰压在前额较低处（也被称为"约瑟芬式"风格），不承想这竟在后来的百年岁月中成为一种复古时尚，尤其可见于 1920 年的卡地亚（Cartier）。耳饰，无论昼夜均可照亮佩戴者的脸庞，通常是坠有三颗水滴形长吊坠的吉兰朵设计或是更加简约的圆形及双层样式。低领贴身长裙的背部有蕾丝高立领设计，或称花边领圈（Chérusque），为一些贵重的项链预留了佩戴的空间。这些项链用钻石组成链条，将一个个的钻石簇连接起来，或是坠有梨形吊坠（图 191）。短袖设计将手臂露出，便于展示手镯。手镯还有各式各样交汇于一枚装饰搭扣的腕带，搭扣上的图案也各不相同。高腰裙用腰带或位于胸部下方中央处的装饰性搭扣强调高腰线。玛丽·路易丝皇后的珠宝套装十分华丽，尤其是以玫瑰式切割钻组成的纯白钻石腰带。这些玫瑰式钻石有些来自红衣主教马萨林，曾被路易十四当作纽扣佩戴[11]。1814 年帝国瓦解，拿破仑退位并被流放到厄尔巴岛（Island of Elba）。在离开法国之前，皇后按照规定将国家所有的钻石全部归还，只带走了她的个人财产。

图 203（上）：镶嵌在一枚饰针上的钻石鹰，双爪攫住一片红宝石闪电，代表着力量。里面装着一缕发丝，据说属于罗马皇帝。

波旁复辟及第二帝国

　　波旁君主路易十八及其弟查理十世复辟时曾使用过王冠珠宝，但从 1830—1848 年，他们的兄弟法兰西国王路易·菲利普（Louis Philippe）为了建立中产阶级的形象，刻意与这些珠宝保持距离。不过，他和他的家族还是通过看管人夏尔-埃伯哈德（Charles-Eberhard）和保罗-康斯坦丁·巴普斯特（Paul-Constant Bapst）打造了很多价值不菲的珠宝。所以，1843 年，奥尔良公主克莱曼汀（Princess Clémentine d'Orléans）婚礼上收到的钻石套装很有可能就是他们制造的。克莱曼汀的丈夫萨克森-科堡-哥达的奥古斯特亲王（Prince Auguste of Saxe-Cobourg-Kohary）尽管不是国王，但富可敌国，并且与各处王室沾亲带故。克莱曼汀作为奥尔良公爵菲利普（路易十四的弟弟）和王后玛丽·特蕾莎的后代继承了他们的钻石，这些钻石套装代表着浪漫主义时代最出色的设计（图 204，图 205）。

1848 年，欧洲大陆经过接二连三的革命后，政治环境恢复稳定，开启了一个崭新的时代。工业繁荣起来，在铁路、船运、房地产和金融方面的投资令商人也能像旧贵族一样富裕。巨大的财富带来的是炫耀的欲望，而一个男人在生活和事业上的成功就是以他的妻子的衣橱和珠宝的规模来衡量的。在欧洲大多数国家，社会依旧是由一位鼓励宫廷奢华的君主统领，尤其是第二帝国时期的拿破仑三世（Napoleon III，图 206）。1853 年，他与来自西班牙的既非王室公主也非波旁血统的欧仁妮·德·蒙蒂霍结婚，被认为在政治上极其不明智。但她有过人之处。拿破仑三世渴望重现他的叔叔拿破仑一世时的辉煌。而拥有一头深褐色秀发、外形十分俊美、身材

图 204（对页）：法国国王路易·菲利普的女儿奥尔良公主克莱曼汀的钻石套装。保罗·康斯坦特（Paul Constant）与查理·埃伯哈德·巴普斯特（Charles Eberhard Bapst）制作，1843 年。

图 205（上）：1843 年与萨克森-科堡-哥达的奥古斯特亲王结婚的克莱曼汀公主，在维也纳科堡宫（Cobourg Palace）过着帝王般的奢华生活。上衣佩戴的是塞维涅风格的胸针。弗朗兹·克萨韦尔·温德尔哈尔特（Franz Xaver Winterhalter）绘，1839 年。

高挑、举止优雅、掌握多门语言的欧珍妮是辅佐拿破仑三世实现野心的不二人选。在春季的巴黎杜伊勒里宫，二人搭档举办每周的舞会、晚宴和音乐会，众宾客十分尽兴。各国君主到访也是举行盛会的理由：剧场的演出、凡尔赛宫各殿（图207）以及圣克劳德的盛大庆典。秋天时，法国境内的贡比涅和枫丹白露举办数场大型室内聚会，每天都像是多镜分切的剧幕，需要不停地更换服装。

　　站在丈夫身旁的欧仁妮总是一身华服、珠光宝气，完美地演绎着皇后的角色。她那除了俄罗斯女皇，无人能敌的珠宝收藏可以分成两类。一是拿破仑打造的王冠珠宝。为了强调它们作为法国权力象征的重要地位，拿破仑三世在1855年将它们送到巴黎的国际展览上进行展示。尽管他没有继续改造这些珠宝，但皇后可以拿来翻新。尽管彩石套装在她手上保存得完好无损，但加布里埃尔·勒莫尼耶（Gabriel Lemonnier）、艾尔弗雷德·巴普斯特以及弗朗索瓦·克雷默（François Kramer）还是将上面的钻石（包括摄政王钻在内）重新镶嵌到了新的冠饰、压发梳、项链、蝴蝶结（图208，图209）以及新月、野玫瑰、醋栗叶以及星星形状的胸针上[12]。莉莉·莫尔顿（Lillie Moulton），一位英俊又聪明的美国外交官的妻子，十分喜爱在1867年杜伊勒里宫举办的国事接待仪式上的皇后："她身穿纯白色纱裙，裙边为红丝绒蝴蝶结及金黄流苏，头戴珍珠钻石王冠以及令人惊艳的项链，胸前佩戴的是隆重的摄政王钻石"[13]。就寝前，这些珠宝都要交还给主司库比尔先生（Monsieur Bure）保管。在官方庆典之前，接到正式申请后，他会将珠宝送到皇后处。因为这些珠宝属于国家财产，1870年9月第二帝国分崩离析时，皇后在逃出巴黎之前，必须确保珠宝已经从法国银行中转移出去。另一类便是她自己的私人财产，由皇帝花费数百万为她打造，可随心所欲地处置。和王冠珠宝不同，私人藏品不受官方部门的保护，和皇后的面纱、裙装以及个人物品放在一起，并由私人女佣佩帕（Pépa）看管。

　　得益于此等规模的王室赞助，巴黎保持着全球奢侈品与时尚的中心地位。除了带有王室象征的鹰、蜜蜂以及紫罗兰的珠宝，皇后还鼓励恢复路易十六时期的设计风格。坚信自己与玛丽·安托瓦内特王后命途相似，欧仁妮对她的遭遇感同身受，穿衣风格也和她保持一致。1856年，弗朗兹·克萨韦尔·温德尔哈尔特为欧仁妮作画，画中的欧仁妮身穿一件黄金塔夫绸裙撑，裙撑的长流苏边缘坠有一些穗结以及深蓝丝带。这是弗雷德里克·沃思（Frederick Worth）为她打造的18世纪宫廷风格[14]。鉴于欧仁妮是时尚品位的权威，专门生产用于正式场合的钻石饰物，如路易十六的月桂、缎带及蝴蝶结等对称图案的珠宝商们纷纷开始效仿她的风格。其中十分典型的要数一枚别在脖子和腰中间的胸饰饰针，垂坠的一条条钻石链表

图206（对页上）：皇后欧仁妮的皇冠。由数颗彩色宝石及钻石组成，冠部由拱起的鹰与棕榈叶交替排列而成，向上汇于一颗皇冠宝珠。加布里埃尔·勒莫尼耶制作，1853年。

图207（对页下）：1855年8月25日为维多利亚女王来访而在凡尔赛宫举行的晚宴。这是拿破仑三世时期尤为盛大的招待宴席之一。欧仁·拉米（Eugène Lami）绘，1855年。

图208（上）：1855年，艾尔弗雷德·巴普斯特为欧仁妮皇后制作的圣骨胸针，由马萨林钻和其他具有历史意义的钻石制成。

显出理想的动态效果，有时还会搭配一些水滴形珍珠。最迷人的部分要数系着丝带，以弹簧镶嵌工艺（En Tremblant）制作的花朵造型[15]。

1870 年 9 月，在苏丹被德国军队击溃之后，拿破仑三世不得不舍弃这些气派与讲究。面对入侵与暴乱，皇后只带了一名女佣逃出了杜伊勒里宫，穿越重重困难越过了英吉利海峡。前不久，她仓促地派佩帕带着她的私人珠宝送往奥地利大使的妻子梅特涅公主（Princess Metternich）那里，央求她将这些珠宝转移到安全的地方。公主在《1859—1871 的纪念品》（Souvenirs 1859—1871）中叙述了佩帕带着包裹在报纸中一片狼藉的珠宝将她从睡梦中唤醒的场景，这些珠宝甚至都还未列入清单。和自己的女佣一起，公主迅速将这些珠宝重新打包并命令使馆专员鲁道夫·德·蒙舍拉伯爵（Count Rodolphe de Montgelas）将它们带去伦敦。无论是库斯银行（Coutts bank）还是英格兰银行都无法接收，因此这些珠宝最终以蒙舍拉的名义保存在奥地利大使馆中。身无分文的皇后到达伦敦的时候得以认领这些珠宝[16]。最先被带走的珠宝是意义重大的欧仁妮钻。它的前身是俄罗斯女皇叶卡捷列娜二世送给波将金（Prince Potemkin）的礼物，后来被拿破仑三世当作结婚礼物送给欧仁妮，后又被暗中卖给印度盖克瓦德王朝巴罗达土邦的马尔哈·拉奥（Mulhar Rao）。另一颗被称为"无忧钻"（Sans Souci）的钻石则到了伯蒂亚拉土邦领主的手里[17]。大多数珠宝放在珠宝商哈里·伊曼纽尔（Harry Emmanuel）在汉诺威广场的商店里出售。日记作家埃米莉·伯查尔（Emily Birchall）到访伦敦的时候，对"这家店里琳琅满目的陈设以及无可比拟的璀璨"留下了深刻印象[18]。1872 年 6 月 24 日，在伦敦佳士得（Christie's）拍卖行举办了一场大型拍卖会。根据皇后的侄子阿尔瓦公爵的档案记录，罗斯柴尔德家族（Rothschild family）是购买珠宝的大客户，想必会在这场拍卖会上拍下更多宝贝。1873 年，欧仁妮的丈夫去世，1877 年，他们的儿子帝国皇太子拿破仑（Napoleon）惨遭南非祖鲁人伏击与杀害，经历这一切的欧仁妮失去了佩戴珠宝的欲望，将自己囚禁在了黄金戒指之中[19]。

欧仁妮皇后流放英格兰期间，她的私人藏品被四处买卖，而法兰西的王冠珠宝也经历着相似的命运。王冠珠宝作为强大的王权象征并不符合共和党的原则，因此，成立于 1870 年的第三共和国定于 1887 年通过竞拍将其出售[20]。这些作为国家象征的珠宝皆为万里挑一的佳作，这些钻石皆承载着厚重的历史，绝无仅有不可替代。这场拍卖会令它们全部流落民间，甚至连商业成功都算不上，是一次文化灾难。从 1867 年南非发现矿藏后，钻石的出产量大幅上涨，其价值也大幅缩水。1888 年，为了防止进一步损失，塞西尔·罗兹（Cecil Rhodes）与艾尔弗雷德·拜特（Alfred Beit）和 F. 菲利普森（F. Filippson）成立了戴比尔斯联合矿业公司（De Beers Consolidated Mines），控制了南非的所有矿，而正是通过这家垄断联盟，钻石市场才平稳下来[21]。

拿破仑三世的表亲玛蒂尔德·莱蒂齐亚·波拿巴公主（Princess Mathilde）反对出售王冠钻石。有她在的地方，任何王冠钻石的买主都不敢明目张胆地佩戴。在第二帝国时期，作为拿破仑和符腾堡国王的侄女，她的地位仅次于欧仁妮皇后。符腾堡是欧洲古老的王室之一，她将旧制度与崭新而辉

图 209（对页）：欧仁妮皇后在仪式腰带中央佩戴的钻石蝴蝶结胸针，尾部坠有穗结以及五只珠宝穗（倒挂的宝石垂柱）。弗朗索瓦·克雷默制作，1855 年。

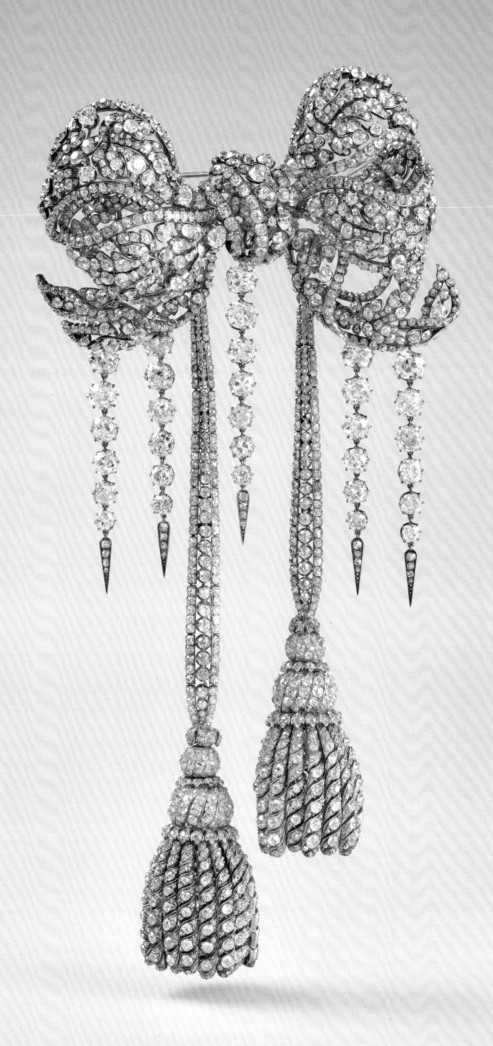

煌的拿破仑一世的传奇结合起来，这种结合也体现在她的名字上。玛蒂尔德是她的姑姑——英格兰的乔治三世长女之名，而莱蒂齐亚是她来自波拿巴家族的祖母的名字。1849 年，玛蒂尔德与圣多纳托的王子阿纳托尔·德米多夫（Anatole Demidoff，同时还是俄罗斯大量煤矿公司的继承人）结婚时，收到了一些珠宝藏品以及配饰，和皇帝拿破仑一世送给约瑟芬皇后和玛丽·路易丝皇后的那些不相上下[22]。1847 年，德米多夫夫妇离婚之后，这些藏品被玛蒂尔德带去了巴黎，在漫长的人生中她又继续添置更多珠宝。她的珠宝被拿破仑一世的史官弗雷德里克·马松（Frédéric Masson）称为"取之不尽用之不竭"，"她在每一种场合都会佩戴一些普通人无法拥

有的饰品，连皇后都会妒忌"。但她死后，大多数饰品都被卖掉了[23]。由于第二帝国恢复了拿破仑一世皇廷的辉煌，她确信，她的服饰和德米多夫钻石能够反映出王朝的威望和荣耀（图 211），无论是在铺张的庆祝会、就职演讲还是统治阶级的正式晚宴等场合中。她始终坚持着年轻时候的穿衣风格，以低领长裙秀出如大理石般光滑的香肩，经常佩戴的珠宝也象征性地表达出她对自己的波拿巴血统以及与王室的关系的得意之情[24]。最重要的是一枚精致的密钉镶钻石帝王之鹰，她会将它用作胸饰或是放在爵床叶冠饰中央，令她看起来位高权重（图 210）。其他珠宝装饰有蜜蜂图案，拿破仑用它取代了波旁百合来代表他的王朝。同样具有象征意义的是紫罗兰，令人回忆起 1815 年 3 月，在这个紫罗兰盛开的季节，拿破仑从厄尔巴岛的监禁中逃离。之后，出于政治原因，紫罗兰被征用为波拿巴王朝的勋章。正因如此，公主在手腕及脖颈上佩戴成束紫罗兰并用钻石发卡来搭配弗雷德里克·沃思为她缝制的白色缎裙。

图 210（对页）：头发上别着拿破仑钻石之鹰的玛蒂尔德·莱蒂齐亚·波拿巴公主。让·巴蒂斯特·卡尔波（Jean Baptiste Carpeaux）制作的大理石半身像。1862 年。

图 211（上）：玛蒂尔德·波拿巴玫瑰胸针，玛蒂尔德公主从梅莱里奥公司购买的婚礼用小花束，钻石与金银材料制成的，花叶及花苞中有一朵多瓣玫瑰。1864 年。

大不列颠

在海峡对岸的大不列颠，王室针对钻石珠宝的赞助是另一种不同的模式。由于乔治三世罹患精神疾病，他的长子威尔士亲王在 1820 年继任为乔治四世之前，已于 1811 年开始成为摄政王。作为艺术爱好者，他在 1792 年的备忘录中这样解释在珠宝上的巨大支出："君主对于维持国家的民主秩序的重要性难以估量，而将雍容华贵作为君主及其家族的特质也是不可或缺的。通过这一历史上最古老的传统，王室血脉单独形成了一个地位显要的阶层。"[25] 一位身着华丽制服的陆军元帅胸前佩戴着嘉德之星，帽子上镶着钻石，整体装束仪表不凡。在 1815 年的滑铁卢战役中打败拿破仑之后，他将自己视为地球上最伟大的统治者。他为 1821 年的加冕礼购入大量钻石饰品，这一举动巩固了其主权，具有重大政治意义。

因为威尔士亲王是"无机物王国中最珍贵最美丽的产物的天然保护人"，约翰·莫将《钻石与宝石论》（1813 年）献给他，当然"他显赫的地位和人人称赞的品位"从那些既合乎年龄又十分华丽的钻石珠宝中便可看出。图 213 是他送给挚爱费兹荷伯特夫人（Mrs Fitzherbert）的一幅微缩画像，表面覆盖着一枚肖像钻石（Portrait Diamond）；另一幅菲兹荷伯特夫人的画像与此组成一对，在亲王去世前一直戴在他的脖子上。俄国沙皇亚历山大一世（Alexander I）也秉持着相似的想法——将覆盖着重 34 克拉的钻石的微缩画像赠送给了他的妹妹凯瑟琳，作为 1810 年与奥尔登堡公爵乔治（George of Oldenburg）结婚时的礼物（图 214，图 215）。

乔治四世的健康状况每况愈下，导致他在任期大部分时间内都无法出席宫廷典礼。此外，他的弟弟威廉四世及其王后阿德莱德也想过平静的生活。在这种情况下，如美国大使理查德·拉什（Richard Rush）所述，重要

图 212（下）：钻石王冠，由条顿十字以及英格兰、苏格兰及爱尔兰各自的国花组成，它们分别是英格兰玫瑰、苏格兰蓟和爱尔兰三叶草。

场合的装扮由贵族负责展示："没有哪位女士不佩戴羽饰。她们的头顶像是一片羽毛海……周围的钻石捕捉住透过窗的阳光，向四面八方投射出炫目的光束……看起来就像是大幕缓缓升起，一位来自另一个半球的美女映入眼帘"。[26] 威斯敏斯特侯爵（Marquis of Westminster）在竞拍会上购得了一些，比如夏洛特王后的阿尔科茨钻石，这颗重要的钻石没有镶在王冠上，而是镶在了他的宝剑上。19 世纪的历史很令人费解，尽管 1789 年法国大革命令民主的旗帜冉冉升起，但与民主背道而驰的贵族却带着热情与坚定不移的信念宣布自己是世袭的领袖。就在恢复原气的欧洲君主们小心翼翼地"合理着装"以给臣民留下炫目而深刻的印象时，各国贵族的男人和女人们也通过特定的服饰与珠宝大肆宣扬她们的出身、财富和崇高地位（图216—图 221）。

1837 年，威廉四世去世后维多利亚女王接任，开启了大不列颠史上最辉煌的时期。64 年的治理有方令社会和平、政治稳定，并为维多利亚的子民们带去了工业与商业上的繁荣。大不列颠不仅成为海陆军事强国、开拓殖民地、扩张"日不落"帝国的版图，而且建立起高效的铁路、公路与邮政系统和教育、文化及社会机构。此番盛景之下，大不列颠人民强烈的民族自豪感与爱国情怀全部投向了女王身上。

图 213（上）：乔治四世赠送给其民间妻子玛丽亚·费兹荷伯特的一枚附有乔治四世的微缩画像饰匣（约 1785 年），上面覆盖着一枚人像钻石。

图 214（右）：俄国沙皇亚历山大一世肖像，表面覆盖着一枚 34 克拉的钻石。这是 1810 年妹妹凯瑟琳与奥尔登堡公爵奥格尔格成婚时，亚历山大赠送给她的礼物。路易·大卫·路瓦尔，1809 年。

图 215（下）：《反法同盟军在佩特沃斯，1814 年 6 月 24 日》（The Allied Sovereigns at Petworth, 24 June 1814），人群中央手挽着手的是沙皇亚历山大一世及其最疼爱的妹妹凯瑟琳。托马斯·菲利普斯（Thomas Phillips）画作细节图，1817 年。

图 216（顶部）：坠有水滴吊坠的钻石锦簇花彩项链，为第十六任什鲁斯伯里伯爵的妻子玛丽亚·特蕾莎·塔尔博特（Maria Theresa Talbot）打造，约1814 年。

图 217（上）：钻石链饰及流苏胸针，J.V. 莫雷尔（J. V. Morel）作品，陈列于伦敦海德公园万国工业博览会。

图 218（顶部）：坠有水滴吊坠的多层带底托钻石项链，为贝德福德女爵制作，约 1840 年。

图 219（上）：约 1830 年让·巴蒂斯特·福辛（Jean Baptiste Fossin）为贝德福德公爵夫人制作，以金、银及钻石打造的蔷薇茉莉王冠，使用了弹簧镶嵌工艺。

图 220：在爱德华七世的加冕礼上，身穿礼袍的波兰公爵夫人威妮弗雷德·卡文迪什 - 本廷克（Winifred Cavendish-Bentinck），佩戴着图 217 中的钻石胸针套装。

    维多利亚女王的外表如何？她身材矮小，不足 5 英尺高，常年过度肥胖且相貌并不出众。但她举止优雅，气质端庄，有着能唱美声的清晰嗓音。体格健壮的女王生下了九个孩子，在漫长的一生中几乎从不生病。她是一位出色的女骑手，喜欢在深夜的贵族府邸或是自己的宫殿里跳舞。她书写了大量信件，正是这些信件内容刻画出她无论是针对人民还是实事的倔强品格以及强硬的态度。她的女王生涯分为两个部分：1840 年与阿尔伯特亲王（Prince Albert）结婚到 1862 年阿尔伯特亲王去世期间是王后的快乐时光，以及之后漫长的孀居生活。在她隐居的前 9 年中，民众认为她过于忽视对人民的职责，因此这段时间女王十分不受欢迎。但很快她便重新赢得了民心，在重大的国家级场合中，尤其是分别代表登基 50 周年和 60 周年的 1887 年的金禧和 1897 年的钻禧，人民的呼声达到了高潮。

    从珠宝中可映照出她人生的每一个阶段，无论是作为女王、印度女皇还是妻子和母亲。甚至在还是年幼的公主时期，贴心的亲朋好友就用珠宝当作生日、圣诞及受戒的礼物送给她，而她会佩戴着这些端庄大气的珠宝出席各种宫廷宴会。这是她一生中最珍惜的一段时光。加冕礼过后，身为

图 221（上）：挂有长串树叶的胸针，六朵梨形钻石花苞据说是来自与法国王后玛丽·安托瓦内特有关的"王后的项链"（见第五章）。

图222：佩戴着"光之山"钻石的维多利亚女王。这颗钻石被重新切割至105.6克拉，镶嵌在一枚忍冬胸针上。这枚胸针与钻石制成的嘉德勋章、项链以及冠饰一同由杰拉德珠宝公司（R. & S. Garrard）出品，约19世纪50年代。弗朗兹·克萨韦尔·温德尔哈尔特绘，1856年。

君主，正是头顶、耳部、脖颈、腕间及指间的钻石的光辉令这位矮小的女人在国家级重大场合受万人敬仰时能够脱颖而出。不过，在任期之初，她对这些珠宝的所有权还存在一些争议。

因为登基，她认领了这些家族珠宝，从温莎带到伦敦的过程中，受到了同年当上德国汉诺威国王的坎伯兰公爵恩斯特·奥古斯特（Ernest Augustus）的阻挠。汉诺威王国自1714年起与英格兰形成共主联邦，但由于1837年颁布的萨利克法规定：禁止女性继承汉诺威王位，联邦很快瓦解。新王立即要求获得所有王冠珠宝中他应有的部分，宣称如果两国像现在这样再次分崩离析，他的父母，即乔治三世和夏洛特王后，也希望所有源自德国的钻石能够回到汉诺威手中。这一争议持续了20年之久，1857年，女王最终败下阵来。失去如此多的珠宝令她遭受重创，但她没有失去国民的支持[27]。1858年的《伦敦新闻画报》（*The Illustrated London News*）支持她参加维多利亚长公主（Princess Victoria）和德国王子腓特烈（Friedrich）的婚礼，写道："我们十分自豪，我们的法官精通法律，从未将属于我们的任何一件珠宝判给那些汉诺威君主。"

丰厚的礼物填补了这些珠宝的空缺，其中一些来自暹罗国王及马斯喀特的伊马姆（Imam of Muscat），但最重要的礼物来自拉合尔国库（Treasury of Lahore）。1849年，旁遮普纳入英国统治版图时，东印度公司吞并了拉合尔国库。这家公司将许多精美的钻石和珍珠赠予维多利亚女王，其中包括具有重大历史意义的"光之山"（Koh-i-Noor）钻。这枚钻石曾被莫卧儿皇帝们视若珍宝长达几个世纪，也曾镶嵌在维多利亚女王从伯母阿德莱德女王处继承而来的一顶冠饰上。无论是位于冠饰中央的忍冬或条顿十字上，还是作为一枚胸针，"光之山"钻总叫人过目不忘（图222）。此外，女王从王冠珠宝商罗伯特·杰拉德（Robert Garrard）那里添置了许多新的珠宝，其世袭而来的珠宝也是由这些珠宝商进行翻新。为表明最高统治者的身份，女王需要多冠饰的加持。其中，最引人注目的一件原本为阿德莱德女王的日光流苏钻石项链，后被维多利亚女王用作头饰佩戴，可见于弗朗兹·克萨韦尔·温德尔哈尔特所绘全家福《1851年5月1日》（*The First of May 1851*，图223）。还有一些也出自杰拉德之手，包括一顶蓝宝石、钻石冠冕及另两顶钻石王冠，分别镶有红宝石和祖母绿。1851年，在伦敦举办的万国工业博览会上展出的印度珠宝似乎激发了"在钻石王冠上采用东方猫眼元素、外框以穗荚饰品装饰"的设计。

说到维多利亚十分喜欢佩戴的钻石耳饰（图225），其中一副采用了从土耳其饰品上拆下的宝石制作而成，另有一些宝石来自东印度公司。这些耳饰中有一副垂坠着钻石水滴的钻石钉是阿尔伯特亲王所赠，与另一条挂着水滴形祖母绿的钻石链饰一样十分贵重（1847年）。项链对于低领的宫廷礼服而言是十分重要的饰品，因此，女王将二十八颗来自仪式剑及嘉德勋章的钻石制成了一串精美的座镶钻石链（图224）。1858年，在温德尔哈尔特所绘宫廷画中，她佩戴的便是这条项链。继祖母绿钻石项链（1848年）之后，杰拉德又制作了一条红宝石钻石项链（1853年）。在女王的礼裙及衣袖上散落分布着18世纪带有缎带蝴蝶结样式的胸针，这令她的容貌又添几分光彩。即位不久她便打造了三枚精妙绝伦的胸针，分别取材自一对精致的橘色花朵、阿德莱德女王的麦穗冠饰以及为祖父乔治三世打造的巴斯勋章（Order of the Bath）上的大型钻石簇。1858年，她订

图223（下）：《1851年5月1日》的细节图，展现了抱着儿子阿瑟的维多利亚女王以及阿瑟的教父、第一代威灵顿公爵阿瑟·韦尔斯利（Arthur Wellesley）。女王佩戴着的便是1830年从阿德莱德女王处继承而来的钻石流苏冠饰，腰间为嘉德勋章。弗朗兹·克萨韦尔·温德尔哈尔特绘，1851年。

购了一套包含三枚尺寸由小到大的蝴蝶结胸针，和她所佩戴的其他饰品一样，珍藏于王室典藏中[28]。

在人生的最后阶段，即便坐上了轮椅，她仍坚持着一袭黑裙并佩戴"玛丽·斯图亚特"之帽（'Mary Stuart'cap），还有日夜更换的蕾丝面罩——白天佩戴白色，晚间佩戴黑色。这样的装束更是衬托出珠宝的光亮以及女王至高无上的地位。在成为女王之前，她的面罩及束发带存放在更衣室的仿真头模上，女王在挑选项链和耳饰之前会在头模上加上另一顶钻石王冠以及一顶小冠（图226，图227）。她的孙女——未来的西班牙女王维多利亚·尤金尼亚（Victoria Eugenia）获准旁观每日的挑选仪式。她陶醉在女王对钻石的热情之中，也认为王冠与钻石密不可分[29]。

对于丹麦公主亚历山德拉（Alexandra）与未来的爱德华七世（Edward Ⅶ）的婚礼，《伦敦新闻画报》（1863年）评论道，"一场正式的典礼对那

图224（上）：1902年开始，每一场加冕礼上女王都会佩戴这条项链。项链由25颗枕形切割钻石组成，坠有一颗重22.48克拉的拉合尔钻石。杰拉德珠宝打造，1858年。

图225（上）：为维多利亚女王打造的耳饰，采用4颗枕形切割钻石，并坠有原本镶于"光之山"侧边的水滴形吊坠，在女王的继任者们的加冕礼上佩戴。杰拉德珠宝打造，1858年。

图226（对页上）：由传统条顿十字及百合花交替组成的小王冠，冠拱在顶部交汇，交点处为一颗王权宝球和条顿十字。杰拉德珠宝1870年打造。

图227（对页下）：维多利亚女王的钻禧画像，佩戴着加冕耳饰和项链以及卸下冠拱的钻石小冠（图226）。唐尼（W. & D. Downey）1893年所摄、1897年公开的照片。

个自始至终散发着魅力、时刻吸引万千目光注视的人而言简直是度秒如年，"他对这位未来的威尔士公主大加赞赏："而她以落落大方又不失魅力的表现圆满完成整场仪式，仿佛她也享受着这一生中最美的时刻"，而没有用"认真履行她的职责"这类说辞。公主身材高挑，高贵优雅，穿着打扮在所有场合都是完美典范。她可以驾驭所有颜色，从纯白到深红，从浅粉到深浅不同的蓝，并且她总能挑出与服装最搭配的珠宝。新郎、新郎家族送的礼物为她的藏品打下基础，后又添置了一串来自伦敦的美丽的戈尔康达钻石以及一些工业大城市利兹及曼彻斯特的"夫人们"赠送的手镯。还有一些奢华的珠宝则是为了纪念1888 年的二十五周年结婚纪念日。女性们纷纷效仿亚历山德拉佩戴的珠宝，就像她们也控制不住地模仿她的穿着一样。她对时尚的影响是十分显著的，《伦敦新闻画报》（1887 年）再次对一场王室花园派对做如下描述，

"王室掀起的时尚潮流迅速吸引贵妇们纷纷效仿。她们在帽子上别上钻石胸针，价值上千英镑。威尔士公主在系带女帽上别上胸针，一众女士们便在花园派对、婚礼及其他时髦的社交场合上也这样打扮。"

随着时间的流逝，已至暮年的维多利亚女王除重大公众场合外不再露面，女王之位也由这位年轻貌美、全英上下最擅长穿衣打扮的儿媳接任（图 228）。

图 228（上）：威尔士公主时期的亚历山德拉，佩戴着钻石珠宝，约 1890 年摄照。在维多利亚女王漫长的孀居期间，她担任着王室的职责。

图 229（对页左）：1879 年，与西班牙的阿方索十二世（Alfonso XII）结婚时的哈布斯堡女大公玛利亚·克里斯蒂娜（Maria Cristina），浑身戴满钻石，包含一件精妙绝伦的胸饰、一件钻石冠饰、一些手镯以及带有叶饰的项链。

图 230（对页右）：佩戴着月桂花冠的翁贝托一世（Umberto I）之妻、玛格丽特王后（Queen Margherita）。

其他欧洲宫廷

　　珠宝与欧洲其他宫廷同样密不可分（图229，图232）。玛利亚·克里斯蒂娜·德·波旁（Maria Cristina de Borbón）于1829年嫁给西班牙的斐迪南七世（Ferdinand Ⅶ）。婚后，在那个政局极其不稳的时代，她在出席正式场合时仍缀满彰显王室形象的钻石，保持着积极乐观的姿态（图231，图233）。同样，他们的女儿伊莎贝拉二世（Isabella Ⅱ）在1870年正式继位前也一直保持着华丽的装扮。作为意大利联合王国的第一位王后，翁贝托一世之妻，萨伏依的玛格丽特高挑曼妙、姿态优雅，佩戴着从巴黎的梅莱里奥和都灵的穆西处购得的著名珍珠钻石珠宝（图230，图234）[30]。在葡萄牙，她的小姑子，萨伏依的玛丽亚·皮娅（Maria Pia）独断专行，一心想要打造宫廷奢华风。她用来自印度和巴西的上等王室钻石藏品赞助了里斯本的珠宝匠埃斯塔沃·德·索萨（Estavao de Souza）。

　　既是社会革命者又是审美家的不伦瑞克公爵——卡尔二世（Charles Ⅱ）性情古怪但衣着考究，论钻石数量，整个德国王室无人能及。1830年被迫流亡之后，他全身心沉醉在其藏品之中。这些钻石来源不一，有些还来自觊觎西班牙王座的唐·卡洛斯。其中，最引人瞩目的两颗中，一颗为大尺寸浅玫瑰色钻石，另一颗为与希望之钻的颜色与质地相同的蓝色水滴形钻石。

图 231（顶部）：与斐迪南七世结婚时的西班牙王后玛利亚·克里斯蒂娜·德·波旁，浑身缀满珠宝。瓦伦丁·卡德雷拉（Valentin Carderera）绘，1829 年。

图 232（上）：1867 年的巴黎世界博览会，西班牙的伊莎贝拉王后从梅莱尼奥公司为其女玛利亚·伊莎贝拉公主所购的珍珠钻石贝壳冠饰。

图 233（对页上）：穿戴着罗马时期流行的自然主义钻石珠宝的玛利亚·克里斯蒂娜·德·波旁。维森特·洛佩斯（Vicente Lopez）绘，1830 年。

图 234（对页下）：钻石月桂花冠，为未来的意大利王后玛格丽特在巴黎世界博览会所购。梅莱尼奥公司制造，1867 年。

1851 年在玛蒂尔德公主为卡尔二世举办的接待会上，浓妆艳抹的卡尔二世顶着一头风格怪异的假发出席，根据公主的预测，他身上的手镯、链饰、戒指、外套上的大纽扣以及围巾上的大尺寸钻石别针价值 300 万法郎。1874 年，这些钻石作为遗物赠送给了日内瓦，通过拍卖流散各处[31]。

在奥地利的弗朗茨·约瑟夫一世（Franz Joseph I of Austria）之妻茜茜公主的美貌之下，维也纳的哈布斯堡王室得以恢复往日辉煌。茜茜拥有一头浓密的深褐色秀发，身姿曼妙，佩戴的珠宝恰到好处（图 237）。宫廷宴会上有严格的礼数，但是根据保罗·布尔热（Paul Bourget）在 1898 年的作品《第二次恋爱》（Deuxième Amour）中记载，那时候"只有为数不多的出自帝王家的成功女性符合要求……他们的王室做派在华丽的宫廷礼服的映衬下尤其耀眼，数颗钻石在枝形水晶吊灯的璀璨光芒下熠熠生辉"（图 235，图 236）。

图 235（对页上）：重 6.16 克拉的法尔内塞蓝钻，伊丽莎白·法尔内塞 1714 年与西班牙的腓力五世结婚时获赠。这颗钻石后来流传至波旁 - 帕尔玛家族。

图 236（对页下）：公爵夫人玛丽亚·安娜，出生时为奥地利女大公，后于 1903 年嫁给波旁 - 帕尔玛家族的伊利王子。位于冠饰中央的便是这颗法尔内塞钻。

图 237（上）：奥地利的伊丽莎白皇后，散落于秀发及白色绸纱舞裙上的钻石星星正闪闪发光。弗朗兹·克萨韦尔·温德尔哈特绘，1865 年。

图 238（左上）：渐变流苏钻石项链，七颗梨形吊坠上附有小花朵。最大的一颗重 20 克拉，属于索菲·玛格达莱妮王后（Queen Sophie Magdalene），其余六颗较小的吊坠属于丹麦的克里斯蒂安七世之妻、卡罗琳·玛蒂尔达。魏斯豪普特（C. M. Weisshaupt）组装而成，1840 年。

图 239（右上）：被称为"丹麦之钻"的耳坠，顶部为重 14 克拉的圆形切割钻，下坠两颗梨形吊坠分别重 15 克拉及 12.5 克拉。这些钻石均属于丹麦的弗雷德里克五世之妻——王后朱莉安·玛利亚。

在更北边的丹麦，卡罗琳·阿玛莉王后（Caroline Amalie）购置了一些钻石，用以制作一束大型花束、一条项链及一副耳饰。项链由三十八颗圆钻和方钻组成，下坠七颗梨形钻石。耳饰的顶部镶有一颗圆形切割钻并坠有一枚梨形吊坠。贝尔纳·莫雷尔认为这些珠宝完全称得上是"丹麦之钻"（the Danes，图238—图240）[32]。尽管与中世纪时期的罗马一样受到无政府主义者和革命者的威胁，但是俄罗斯依然维持着王室奢华的传统（图241）。1888年新年的这一天，玛利亚·费奥多罗芙娜皇后穿过圣彼得堡东宫那高大的门廊时，身披国袍，周身镶钻，像是从童话中走出的女王一般，华丽的出场无与伦比。坚定的君主主义者布勒特伊侯爵从这场气势磅礴的庆典回到法兰西共和国那"充满民主气息的肮脏"之后，继续做着享有俄罗斯君主那般帝王气派的美梦[33]。1894年11月，年轻的皇帝尼古拉二世（Nicholas Ⅱ）与黑森的阿历克丝公主（Alexandra Feodorovna，未来的亚历山德拉·费奥多罗芙娜）的婚礼（图242）以及次年的莫斯科加冕礼被出生在俄罗斯的爱丁堡公爵夫人大肆渲染为"言语无法描述的气派"[34]。

钻石经过进一步演变，除了象征王室及贵族血脉，还体现出个人的财富地位。美国珠宝商蒂凡尼是法国王冠珠宝的重要买手。正是这位买家花费100万美元从流放到巴黎的西班牙王后伊莎贝拉手中买下了她的钻石

图240（上）：带有蝴蝶结的黄白钻花朵胸针，为18世纪的风格。魏斯豪普特制作，1840年。

藏品。之后，这些钻石被公认的美国"钻石皇后"利兰·斯坦福（Leland Stanford）夫人买走。这位斯坦福夫人当时已经拥有四套颜色各异的钻石套装，分别是紫罗兰色、黄色、粉色及白色，每一套都包含一顶冠饰及至少六副钻石耳坠。美国的女人们一个比一个亮眼，而 1883 年，纽约市的大都会歌剧院（Metropolitan Opera House）开业时场面过于闪耀，以至于第一层座位被戏称为"钻石马蹄座"。见证了"镀金时代"（the Glided Age）的奢靡的人们断言，除维多利亚女王及俄罗斯皇后玛利亚·费奥多罗芙娜之外，任何一位女王或王后的藏品都不及腰缠万贯的约翰·雅各·阿斯特夫人（Mrs John Jacob Astor）以及克拉伦斯·麦凯夫人（Mrs Clarence Mackay）[35]。

图 241（对页）：玛利亚·费奥多罗芙娜（出生时为黑森的玛丽公主），俄罗斯皇后，身穿国袍，头顶、颈部及裙身闪耀着钻石的光芒。伊万·马卡罗夫（Ivan Makarov）绘，19 世纪 40 年。

图 242（上）：1894 年 11 月，俄罗斯皇帝尼古拉二世与黑森的阿历克丝公主在冬宫举办的婚礼。劳里茨·图克森（Laurits Tuxen）绘，1895 年。

第七章

民主时代

（1900年至今）

"我的主，您从未见过像佩吉·霍普金斯·乔伊斯（Peggy Hopkins Joyce）所拥有的这般数量的钻石。"

戴安娜·佛里兰（Diana Vreeland），1984年

美好年代

随着南非矿场的产量越来越多，曾经稀缺的钻石不再是王室权贵的专属，美国一些从事金融、石油、铁路、银行业及工业的新晋百万富翁也能够轻易购得。这些富翁的夫人们想要同欧洲的上层贵妇们一争高下[1]。1891年，威廉·瓦尔多夫·阿斯多尔买下了曾属于法国历任国王及王后（图245）的桑西钻。1911年，皮埃尔·卡地亚将著名的希望之钻卖给了已经拥有重达94克拉的东方之星钻石的矿业大亨女继承人伊娃琳·沃尔什·麦克林（Evalyn Walsh McLean，图246，图247）。凡此种种皆证明了权力转向了富豪统治阶层。从1880—1914年，第一次世界大战开始的这段时间被称为欧洲的美好年代以及美国的镀金时代，这时的世界和谐、美好、繁荣昌盛，劳动力便宜且税收很低。

〔第204—205页〕

图243（左）：1958年的情人节，在巴黎洲际酒店跳着舞的伊丽莎白·泰勒及其第三任丈夫麦克·托德。

图244（右）：麦克·托德赠予伊丽莎白·泰勒的钻石冠冕（约1880年制作），因为麦克视泰勒为他的"王后"。

图245（上）：1948年，赶往国会开幕大典的阿斯托尔夫人。她佩戴着钻石耳坠、项链、胸饰以及镶着桑西钻的卡地亚钻石头冠。

图 246（顶部）：戴着两颗重要钻石的伊娃琳·沃尔什·麦克林，羽饰上镶着 94 克拉东方之星钻石，钻石项链上挂着的是 45.52 克拉的希望之钻。

图 247（上）：希望之钻，世界上著名的珠宝之一，最早的持有人可追溯到 400 年前。

尽管许多欧洲君主难逃厄运，但宫廷生活仍然比从前更加精彩。1902年，为庆祝爱德华七世的加冕，大不列颠举办了一场传统的选美比赛（图248），女士们为爱德华七世穿上了最好看的裙子，佩戴上最漂亮的珠宝。随后，爱德华七世请有"帝王的珠宝商，珠宝商的帝王"之称的卡地亚用戈尔康达钻石打造了一系列珠宝藏品，其中包括一件带深口胸饰的华美领圈。这件领圈是为亚历山德拉王后打造的，上面的花彩和圆圈相互交错，由花束相连，用蝴蝶结打结，并垂饰了水滴形的渔网钻饰（钻石由隐形丝线串成渔网状）。1909年，卡地亚又为该系列打造了一顶鸢尾花图案的冠饰。1906年，获批成立自治政府之后，南非的德兰士瓦政府在爱德华七世在位期间为大不列颠王冠添上了一颗硕大的库里南钻石（Cullinan diamond）。库里南钻被切分为九个部分，玛丽王后及其继任者们（图250）将这九颗钻石运用至绝佳的效果[2]。与玛丽的丈夫乔治五世加冕礼同时进行的是由卡地亚为十九顶冠饰举办的展览会。这场展览吸引无数人驻足，并刺激旧地主阶级将他们自己那些巨大而碍眼的"挡泥板"换成最新款式[3]。

1906年，在与阿方索十三世（Alfonso XIII）的婚礼上，为扮演好西班牙王后的角色，维多利亚女王的孙女巴腾堡郡主维多利亚·尤金妮亚

图248（上）：1902年，爱德华七世的加冕礼上，四位公爵夫人为亚历山德拉王后撑起一顶遮篷，遮篷下的王后正在接受坎特伯雷大主教的傅油仪式。劳里茨·图克森绘，1903年。

图 249（左上）：戴着维多利亚女王的小王冠（见图 226）以及由钻石吊坠及蝴蝶结组成的月桂叶网状项链的亚历山德拉王后。卡地亚制作，1904 年。弗朗索瓦·弗拉芒（François Flameng）绘，1908 年。

图 250（右上）：玛丽王后的嘉德绶带，上有库里南钻一号及二号；其 1911年的加冕礼项链上挂着库里南钻三号和四号。

（Victoria Eugenia）收到了一个装饰精美的小盒子，里面装着时下流行的最新款式的珠宝（图251）。作为"全世界最佳着装的王后"，直到1931年被迫流放之前，她一直在添置着新的首饰[4]。维多利亚王后的另一位孙子是德意志皇帝威廉二世。他严于律己，严格遵从一切礼节，在穿着打扮及首饰的选择上一贯保持极高标准，一度令美国来使错以为柏林宫廷比伦敦王室更加髦华丽[5]。意大利国王维托里奥·埃马努埃莱三世（Victor Emmanuel Ⅲ）之妻——埃琳娜王后（Elena）对珠宝的热爱不及她的婆婆玛格丽特王后，不过她还是继续赞助着都灵的珠宝商穆西[6]。罗兰·波拿巴王子之女、勃朗的赌场帝国女继承人、西格蒙德·弗洛伊德未来的合作伙伴玛丽于1907年嫁给希腊的乔治王子。为了这场婚礼，卡地亚制作了一只豪华的珠宝箱。为了与拿破仑的辉煌相呼应，这只箱子里装有一顶"约瑟芬风格"的橄榄枝冠饰（图252，图253）。讽刺的是，独裁统治的最后这些年，在1896年尼古拉二世加冕礼、1903年圣彼得堡建成两百周年纪念庆典以及1913年罗曼诺夫诞辰三百周年庆典上，俄罗斯王室女性佩戴的珠宝却空前奢华。1914年，在彼得霍夫为普恩加莱总统（President Poincaré）举办的庆功宴上，法国使者毛里斯·巴列奥洛格（Maurice Paléologue）公开表示，"女人们肩上的钻石如火光一般璀璨……场面粲然可观，世界上任何宫廷皆不及此"（图254—图257）[7]。

图251（上）：西班牙王室珠宝，由阿方索十三世及其母亲玛利亚·克里斯蒂娜王后赠予新娘维多利亚·尤金妮亚。图源于《伦敦新闻画报》，1906年5月。

图252（对页上）：佩戴着橄榄枝冠饰的玛丽·波拿巴。这顶冠饰象征着和平与繁荣，令人联想到希腊首都雅典的女赞助人雅典娜。

图253（对页下）：卡地亚为玛丽·波拿巴与希腊的乔治王子的婚礼打造的白金珠边（millegrain）钻石橄榄枝冠饰。

图 254（对页）：穿着宫廷礼服的玛丽亚·费奥多罗芙娜皇后，佩戴着俄罗斯帝国传统饰品如科科什尼克冠饰、珍珠钻石项链以及配套胸针。伊凡·克拉姆斯柯依（Ivan Kramskoi）绘。

图 255（上）：罗曼诺夫诞辰三百周年纪念框，上有帝国象征双头鹰，鹰身包裹着沙皇尼古拉二世及皇后亚历山德拉的微型画像。法贝热（Fabergé）制作，1913 年。

欧洲贵族普遍以城市豪宅及乡村大庄园标榜自己的贵族身份,并极力维护其阶级特权以抵御民主的威胁。在法国,马塞尔·普鲁斯特(Marcel Proust)在其1908年的小说《追忆似水年华》中,不仅将与出身、地位及财富密不可分的阶级与不受社会控制的名望联系在一起,而且还针对那些精致而气派的珠宝加以描写。书中主要人物——盖尔芒特公爵夫人奥莉安娜(Oriane)的每一套珠宝都曾属于某位君主,每一件珠宝都有其过往。这个角色的灵感来自格雷夫勒伯爵夫人伊丽莎白·德·卡拉曼-奇梅(Elizabeth de Caraman-Chimay)。在现实生活中,她是约瑟夫·尚美(Joseph Chaumet)的一位顾客。约瑟夫最负盛名的冠饰之一便是受伊丽莎白委托为其女儿,未来的格拉蒙公爵(Duc de Gramont)之妻埃莱娜(Elaine)打造的一顶钻石头冠。冠身以多叶枝杈缓缓盘旋而上,顶尖处冠以数枚大尺寸梨形钻石(图260)。冠饰作为政治的象征,承载着抵抗共和国闯入者的传统社会领导力量,而制作冠饰正是尚美的专长[8]。他为杜多维尔公爵制作的是一顶十分气派的月桂叶头冠,而为吕伊内公爵则

图256(下):俄罗斯风格的水晶蚀刻头冠,中央处是一颗榄尖型钻石,顶部边缘为线型排列的圆形切割钻石。卡地亚制造,1912年。

图257(对页):费利克斯·尤苏波夫亲王(Felix Yusupov)之妻——大美人艾琳娜公主(Princess Irina)。她佩戴着光芒四射型冠饰,中央处镶着极地之星钻(Polar Star diamond)。巴黎尚美(Chaumet, Paris)制作,1914年。

采用一头鹰托起的百合花造型来表达对流放时期的奥尔良王室的忠心，除此之外他的客户还有乌兹（Uzès）公爵夫人、拉罗什博科（Rochefoucault）公爵夫人以及布罗伊（Broglie）公爵夫人。他为萨克维尔小姐（Lady Sackville）制作的头冠采用了 18 世纪时期多塞特公爵在伦敦购置的钻石，这些钻石被认为是臭名昭著的"王后的项链"（见第 154—155 页）上的钻石。为萨利伯爵的新娘制作的冠饰上镶嵌的萨利钻石背后也有一段相似的历史。这两个最出色的设计都来自俄罗斯，即从搭配民族服饰的、栩栩如生的头饰衍化而来的光环造型的科科什尼克风格（Kokoshnik，图 256），以及由高度渐变的钻石日光束排列而成的穗状冠饰（Spike Tiara）。每一顶尚美冠饰都代表着一个大家族的荣光，这一点也在保罗·查伯特 1977 年的作品《1900 年的让和伊凡·多梅斯蒂科斯》（*Jean et Yvonne Domestiques en 1900*）中得到证实。这些忠仆还记得，当哈科特侯爵夫人一身珠宝现身大不列颠使馆并向接待处走去时，管家费利克斯得意地喊出："我们这儿的冠饰真的非常适合您，侯爵夫人！"

由于社交场合的隆重程度能够通过领口的深浅度来衡量，项链便成了关键的饰品。因此，珠宝匠人争先恐后地创作出既有想象力又能够制作成实物的设计。奥莉安娜抵达巴黎府邸时的夸张排场中也少不了这些设计。在普鲁斯特笔下，"她裹着提埃波罗红斗篷，红宝石颈圈圈住她的咽喉"，但"此时的她，在暗红丝绒及钻石衬托下，美艳至极"。这些钻石或成排镶嵌，或组成蝴蝶结，或围成雏菊、茉莉、百合及蔷薇花环（图259），其中一些尾端还坠有流苏。针对不同喜好的人，还有希腊钥匙、棕榈和金银花设计，可以镶嵌在作为冠饰的圆环上。位于中央最显眼的装饰图案多为旭日、花篮或与蕾丝一样精致的蝴蝶结。这些图案通常被镶嵌在黑丝绒或波纹丝绸带子上，因为这些背景能够淋漓尽致地展现出这些设计的精美。普鲁斯特对奥维尔王妃的蓝宝石及钻石制成的胸饰也做过一番评价。胸饰佩戴于领口及腰部之间的位置，也是等级的象征，地位仅次于冠饰。为了表示胸饰在珠宝等级中的地位，上等的大尺寸钻石都会放置在胸饰上，边缘处如同路易十六风格的画一般，以月桂、花格子以及缎带镶边。这些昂贵又优雅的原创设计珠宝不仅凸显佩戴者自身的美貌，而且为他们增添尊贵又显赫的气场，马塞尔·普鲁斯特这样的文学天才也沉迷于这些欧洲贵族虚假的外表之中。同样沉迷于此的还有大西洋两岸的百万富翁们。这些富人想要通过婚姻跻身贵族阶级，因而将许多古老的臂章重新镀金，美国的家族继承人孔苏埃洛·范德比尔特（Consuelo Vanderbilt）为了嫁给第九代马尔博罗公爵（Duke of Marlborough）就是这样做的。

所以，尽管在政治上，传统旧贵族在新民主的冲击下逐渐失势，但在时尚界，贵族仍然拥有绝对霸权，尤其是在珠宝行业。他们对美国的影响尤其大。那时的美国对珠宝的热情达到了历史之最，每一年乔治·范德比尔特为他妻子的钻石付的保证金几乎等同于美国总统的薪水[9]。钻石主要出现在纽约第五大道、纽波特和罗得岛府邸中举办的重大晚宴上。作为客人，亨利·詹姆斯对此番盛况印象深刻，根据他在1907年《美国一景》（*The American Scene*）中的记载，"这场盛宴在一座宫殿中进行，餐具摆放得分毫不差，餐桌服务细致周到。面容姣好、举止优雅的小姐们效仿宫廷做派，头戴冠饰，在宝石映衬下光彩夺目。场面豪华气派，却又官气十足。"（图258）

创意都集中在女人身上，因为男人一生的成就可以通过他的妻子的外表以及用以建立其社会地位的花钱能力来衡量。嘉布丽叶尔·（可可）·香奈儿曾回忆道："穿戴蕾丝、貂皮、栗鼠毛皮的女人不过是男人们炫耀财富的借口，从前珍贵无比的东西如今已屡见不鲜"[10]。法国时尚世家沃思

图258（上）：1907年的"纽约皇后"格蕾丝·范德比尔特，佩戴着坠有三枚六边形吊坠的卡地亚钻石项链及头冠，胸前饰有以缨结及蝴蝶结固定的流苏链饰及梅莱里奥玫瑰。

（Worth）、雷德芬（Redfern）以及杜塞（Doucet）创作了理想女性的衣橱。其中，裙装为温柔的淡色搭配羊腿长袖，为了凸显束身衣勒出的"沙漏型"身材的丰乳肥臀和纤纤细腰，下摆均为拖地长摆。长发高高地盘成"蓬帕杜"发髻，侧边拉出几缕发丝，以稳稳地固定冠饰及羽饰。由于终日奔波于早间访问、午后访问、晚餐、剧场、舞会等诸多不同的社交场合，这些时髦女人要求各自不同的装束，因此也需要选择不同的珠宝和其他配饰。

图 259（下）：由时尚的蔷薇及百合花图案组成的胸饰（上衣饰物），镶嵌着圆形及玫瑰式切割钻石。卡地亚为美国的汤森夫人（Mrs. Townsend）制作，1906 年。

图 260（下）：多叶冠饰，各个树枝弯曲向上，顶点处共镶有九颗梨形钻石。尚美为埃莱娜·德·格里富里（Elaine de Greffuhle）与未来的格拉蒙公爵的婚礼制作，1904 年。

图 261（上）：科科什尼克风格的头冠，漆黑钢身，钻石的周边镶有小型角石切割的红宝石。卡地亚制作，1914 年。

电气照明设施的出现意味着，夜晚举办的欢迎会不再缺少光照，但钻石依然能够为晚会增光添彩，其崇高地位仍未改变。19 世纪中期的花朵造型珠宝、蝴蝶结以及其他 18 世纪复兴图案的饰品大多镶嵌在银或白金中，而美好年代的饰品主要镶嵌于铂金中。铂金的硬度很大，从而可以节省用量，能够呈现更加精美、细致的设计，其中一些甚至能够用锯子加工出细密的蕾丝。金属的表面很光滑，可以通过珠边工艺凿成能够吸收光线的小珠子，因为工艺的升级，不仅钻石能够发出光芒，金属也如同火光一般耀眼。纤细而锋利的铂金丝将宝石底托串联起来，从而制作出蕾丝一般的图案，令钻石如同施了魔法一般悬在半空。花萼型宝石底托代表着工艺的进一步提升。这种底托如花朵一般包裹着更小尺寸的钻石（俗称"Serti Muguet"，即山谷的百合花）。同样极具创造性的还有镶嵌切割（Calibré Cut），这种工艺能够使宝石与底托精准贴合。和这种精巧的工艺相比，所有贵金属镶嵌的珠宝都显得过时和老气。因此，买得起贵金属镶嵌珠宝的人都迫不及待地将钻石首饰送去重新制作成花环风格珠宝。这种轻盈优雅的样式灵感来自路易十六和王后玛丽·安托瓦内特统治时期的法国艺术。花环风格的图案与其说是来自当时的珠宝，不如说是来自当时的铁艺、蕾丝饰物、建筑风格、瓷器和银器，因此相关词汇十分丰富，如花格、花篮、月桂花彩、玫瑰及百合花束、蝴蝶结、缎带、穗结，以及经典的麦穗、希腊钥匙、棕叶饰和忍冬。花环风格的图案大部分都是一目了然的对称式图形。

珠宝的制作水准极高，但作品惊艳的珠宝匠也不在少数。1896 年，格拉迪斯·赫伯特（Gladys Herbert）在巴黎为即将嫁给科尔内留斯·范德比尔特二世（Cornelius Vanderbilt Ⅱ）的妹妹寻找结婚礼物时，一度抱怨道："太难选了，我很同情你，也很可怜你"[11]。最成功的珠宝商是来自法国的宝诗龙（Boucheron）、卡地亚和尚美公司，这几家公司也在伦敦、纽约和莫斯科设立了分部。俄罗斯的法贝热公司合伙人为凯贝尔（Keibel）和博林（Bolin），伦敦的合伙人为罗伯特·杰拉德及科林伍德（Collingwood），维也纳的合伙人是科赫特（Köchert），法兰克福的合伙人为罗伯特·科赫（Robert Koch），纽约的合伙人是蒂凡尼。除了工艺水准和艺术技巧，他们还与重大客户保持着紧密的私人关系。这些客户的一生中如出生、结婚及死亡等重大时刻均需要珠宝的加持，因为这些时候存在着赠予、重铸及传承珠宝的传统。这些珠宝匠就像珠宝的主人一般，在珠宝的购买和传承的过程中对所有的家族秘密了如指掌。婚姻习俗之一便是拜访珠宝匠。夫妻双方会在此时挑选最能衬托新娘美貌的冠饰、订婚戒指及婚戒，并为伴娘和见证人们挑选纪念品，以及布置花篮的饰品（corbeille，婚礼礼品）。

1910 年，也就是爱德华七世去世的这年，黑色和白色服饰只在一年一度的阿斯科特赛马场上出现过一次，而这种对亡灵表达尊重的形式在 1912 年泰坦尼克号沉没之后更加盛行，从而使得黑珐琅或缟玛瑙珠宝被大众所接受。黑白撞色凸显出宝石的闪耀，应用在头冠上展现出令人惊艳的效果（图 261）。1914 年，战争的开始宣告了奢靡之风的终结。4 年后，战争结束时，俄罗斯失去成千上万条生命并接连遭遇贫穷和革命，同时君主制政体分崩离析，珠宝匠人在这个面目全非的世界中遭遇着诸多挑战。

内战时期

在罗马尼亚王后玛丽 1934 年的自传《我的一生》（*The Story of My Life*）中描写了 1896 年尼古拉二世、1902 年爱德华七世以及 1912 年乔治五世的加冕礼，但她承认"这个庞大的帝王世界已经消失……与十字军东征及吟游诗人一起成了永恒的过往"[12]。她说得没错，旧世界格局已经随着 1917 年的十月革命、奥地利及德国共和国的建立以及最终导致内战的西班牙动乱一起悉数瓦解。尽管身处政治动荡、工业冲击以及共和的威胁之中，珠宝并没有从欧洲及美国的任何一处公共及个人生活中消失，而是继续决定着社会等级地位和权力。可可·香奈儿在她的女裁缝 1936 年参与罢工时意识到这一点。她没有听从任何劝告，坚持穿戴精致的珍珠"来表达对员工的尊重"并劝说员工们回到工作岗位[13]。

社会激变不仅表现在政治上，也体现在了艺术上。现代建筑如今都是采用德国的包豪斯建筑学派与法国的勒·柯布西耶所定义的风格，而毕加索的立体主义也冲击着传统绘画。这些变化以及刚获得解放的女性生活都反映在了当代时尚、服饰及珠宝上。一切崇简成为第一要义，头发要剪成齐耳短发，无论早晚，纤瘦娇小、没有丰满的胸部和臀部的年轻女性均穿着吕西安·勒隆（Lucien Lelong）和香奈儿为他们设计的直筒裙，松松垮垮地搭在腰间，搭配着短裙和短袖衫。麦克·阿伦（Michael Arlen）1924 年的小说《绿帽子》（*The Green Hat*）中有一位女英雄名为艾丽斯·斯托姆（Iris Storm），她的生活便是新时代女性生活的典范：在夜总会跳着探戈、狐步和查尔斯顿舞，在丽兹酒店喝着鸡尾酒，在克拉里奇用午餐，在法国里维埃拉飙车过盛夏。美国人从未在钻石上花费如此多的财富，女演员的出生越是卑微，对钻石的占有欲和炫耀的欲望便越是强烈，就像佩吉·霍普金斯·霍伊塞（图 262）那样。这位经历过数次婚姻的典型"拜金女"在 1930 年的《男人、婚姻和我》中承认"真爱就是沉甸甸的钻石手镯，大概就是连带价签一起完整地出现在你眼前的那种"。与斯坦利·霍伊塞（Stanley Joyce）离婚之后，她获得了价值 100 万美元的珠宝并继续买

下了 127 克拉的葡萄牙蓝钻。镀金年代的豪华奢靡可见于新晋富翁们在纽约第五大道、纽波特或罗得岛的府邸中举办的晚宴和舞会上，而现在，这些气派的场面都隐蔽在乡村住宅或远离公众视线的奢侈酒店中[14]。

内战期间的新型珠宝在 1925 年巴黎举办的"国际现代艺术装饰工业展"（International Exhibition of Modern Decorative and Industrial Arts）上亮相，展览者必须遵守非传统的现代几何朴素风格，否则无法获得展位。珠宝匠人为了达到展会的要求，将中东和远东的形象艺术融入长方形、圆形及正方形中。压轴的伟大艺术风格以横跨 20 世纪 20 年代及 30 年代的装饰

风艺术（Art Deco）而闻名。与往常一样，创造性的设计皆出自法国珠宝商宝诗龙、卡地亚、尚美、迪索苏瓦（Dusausoy）、拉克落什（Lacloche）、富凯（Fouquet）以及梦宝星（Mauboussin），俄罗斯珠宝商马尔沙克（Marchak）也参与其中。钻石通过长阶梯形、三角形、菱形等新的切割样式重获新生，以致更多的设计形式成为可能。

冠饰尽管不可避免地失去其地位，但还是保留了下来。设计按照短发发型做了调整，直接按照"约瑟芬风格"佩戴在额下较平坦的位置。这种简约的装饰风艺术的代表之一便是由尚美在 1926 年为卢森堡女大公制作的这顶中央有一颗祖母绿宝石的冠饰（图 263）。1923 年，宝诗龙为爱丁堡一家啤酒商的女儿，社会名流罗纳尔多·格雷维尔（Ronald Greville）夫人制作了一顶贵重的冠饰，冠饰上由钻石镶嵌而成的忍冬图案便是受伊斯兰艺术启发而来的最新设计样式（图 264）。不过，与美国烟草大亨的妻子纳纳林·杜克（Nanaline Duke）一样，许多人更加喜欢佩戴简约的头带，

图 262（对页上）：经历多次婚姻的美国女演员佩吉·霍普金斯·乔伊斯，以收集钻石珠宝闻名。

图 263（对页下）：钻石祖母绿头冠，朴素抽象设计，冠坡向上隆起汇于一处顶点。尚美为卢森堡女大公制作，1926 年。

图 264（上）：由尊敬的格雷维尔夫人赠予伊丽莎白王太后的六边形钻石头冠。宝诗龙制作，1923 年。

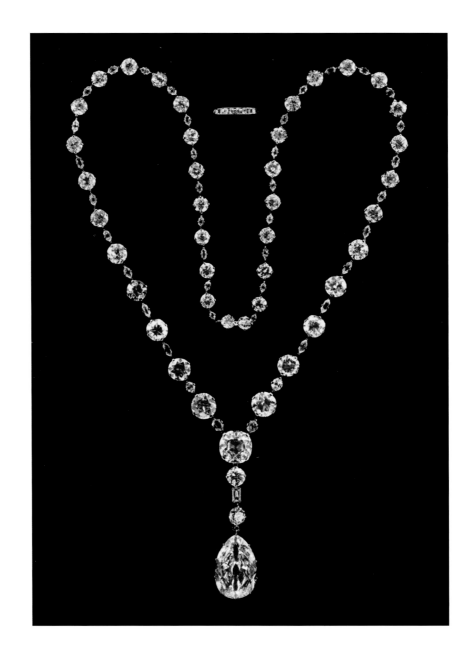

上面有钻石镶嵌的抽象图案。这种头带佩戴方便，也可拆卸成为手镯或是项圈（图266）。经常与这种新式冠饰搭配的是耳饰。耳饰上垂坠着的长链上点缀着各式钻石图案，尾端缀有梨形珍珠或是形成对比色的黑色缟玛瑙吊坠，弥补了短发削减掉的女性气质。一直到腰间的长钻石项链也与长链耳坠一样强调了垂坠感。这种垂坠感源自印度王公佩戴在脖子上的单排或双排项链，上面装饰有珠宝，从脖子一直垂到腰部（图265，图268）。这些项链由几何形状的铂金铰链制成，十分特别。几何环上还镶有圆形或梨形切割的钻石，搭扣处采用了矛头的形状，尾端有时坠有吊坠。罗马尼亚王后玛丽就是用这样的方式展示其重达478克拉的蓝宝石吊坠。王后于1921年举行加冕礼，这枚蓝宝石便是王后到访美国时，在欢迎她的接待会上所获。客人们希望她能打扮得像个王后，因此她穿上了雷德芬制作的一件绣有银线的黑长袍，袍尾拖着孔雀蓝尾，并佩戴与长项链及吊坠相称的蓝宝石及钻石头冠，没有令一众宾客失望（图267）[15]。

　　金发碧眼的佩吉·霍普金斯·乔伊斯身穿一袭白裙，搭配一圈一圈缠绕在手臂上金光闪闪的手镯，全是时下流行的打扮（图262，图270）。简约的裙装需要搭配多个不同款式的手镯以弥补服装的朴素。不同的设计形式通常搭配小颗钻石来表达。在科莱特（Colette）1924年的小说《另一个

图265（对页）：钻石长项链，属于曾嫁给莫顿·普兰特（Morton Plant）的约翰·罗文斯基夫人（John Rovensky）。这条项链被视为纽约珠宝界一大特色，于1957年出售。

图266（上）：詹姆斯·布加南·杜克（James Buchanan Duke）之妻纳纳林的带状冠饰，镶有珍珠及钻石组成的抽象图案。卡地亚制作，1924年。

图267（左下）：罗马尼亚王后玛丽，拍摄于1921年。照片中的她戴着拜占庭风格的珍珠钻石冠饰以及末端坠有重478克拉蓝宝石吊坠的钻石长项链。

图268（右下）：热衷政治的女主人温伯恩子爵夫人，身着收腰宽松直筒裙、佩戴着钻石及红宝石带状头冠、耳坠以及长项链。尚美制作，1925年，由摄影大师塞西尔·比顿（Cecil Beaton）拍摄。

女人》（*La Femme Cachée*）中，她描绘了安热利耶夫人收到丈夫刚送的新手镯之后，"将一排排钻石数了又数"的场面：

"手镯上嵌有二十九颗钻石，有圆有方，如同瘦弱而柔软的小蛇般冷漠地游走在她的指间。尺寸不大但洁白无瑕，和谐至极，实属行家的眼光。她将手镯系在手腕上并置于电子蜡烛下，手镯光芒四射，无数彩虹突现，五光十色的火焰在纯白的桌布上舞动"。

手腕下方闪烁着的戒指同样引人注目。戒指将人们的视线聚焦在了如同百合一样雪白的手以及修长的红指甲上。在铂金戒环的最窄处镶嵌有珍贵的珍珠或钻石，环肩上的珍珠或钻石两侧亦镶嵌有小一些的钻石，突显了戒指的重要性（图 269）。

然而，最奢侈的艺术装饰型珠宝并不是为欧洲或美国客户制作的，而是印度的王子们。1903 年及 1911 年举办的高规格宫廷盛会（德里杜尔巴）上，英国国王及王后宣布成为印度的皇帝及皇后，成为全场瞩目的焦点，如今他们又开始追求法式风格。他们将法国先祖的钻石买下并交给最好的匠人重新镶嵌，不仅要纯正的法式风格，还要保留王室遗物之特色，既能搭配西式礼服，还能搭配在严肃的正式场合穿戴的莎丽（南亚妇女传统服饰）、织锦紧身短上衣及包头巾。隆重的仪式领圈、皮带、搭扣、肩饰、纽扣、短弯刀和剑采用密度小、韧性大的铂金并镶有钻石、珍珠、彩石，一件比一件精美。

　　1929 年 10 月 24 日（黑色星期四），全球股市崩盘，经济随之急剧衰退，导致了珠宝市场的大萧条。大面积失业及贫穷导致珠宝产品品质大不如前，因此小部分客户一度只能佩戴毫无品位的饰品。

20 世纪 30 年代：现代主义及魅力

　　在这场金融风暴中，只有卡地亚、宝诗龙、尚美和梵克雅宝（Van Cleef & Arpels）存活了下来，但 1932 年，在纽约成功创立个人品牌的海瑞·温斯顿（Harry Winston）成为冉冉升起的新星。海瑞·温斯顿对宝石十分感兴趣。1926 年，他完成了第一笔大单，买下了铁路承包商的遗孀阿拉贝拉·亨廷顿（Arabella Huntington）财产中的珠宝。1936 年，他又将美国钢铁大王的遗孀加里夫人的藏品收入囊中。温斯顿将从这些镀金时代的冠饰、胸饰和领圈上的钻石拆下重新打磨，并用在了现代设计当中 [16]。1929 年，就在金融风暴到来前，埃内斯特·奥本海默（Ernest Oppenheimer）受命担任戴比尔斯联合矿业公司主席，成功稳住了钻石的市场价值，令矿场安然渡过难关。为了稳定局面，奥本海默利用垄断优势，将需求量抛在一边，限制原钻上市数量。于是，这些钻石只能通过一种渠道，他在 1934 年建立起的中央销售机构（CSO，Central Selling Organisation）供应给少数买家。

　　美国经济复苏的速度超过欧洲，财富依然牢牢攥在美国手中。像莫娜·俾斯麦（Mona Bismarck）这样的女性此时已是潮流领导者（图 271）。她们的身材和穿着呈现出新时代女性的身材特征：成熟的胸部、自然起伏的腰线以及半身长裙，一头优雅的长卷发。珠宝是必不可少的，而香奈儿发明的"鸡尾酒会小黑裙"几乎成了午后时刻的特定服饰，同样也能够完美地衬托出钻石之美。为了响应这句"如果你有过人之处，就展现出来！"（If you've got it, flaunt it!），比如标准石油公司（Standard Oil）的继承人米莉森特·罗杰斯（Millicent Rogers），曾频繁出现在年度世界最佳女性着装排行榜上，除了身着梅因博谢（Mainbocher）制作的早晚礼服（图 272），总是用精妙绝伦的珠宝搭配简约的棉质衬衫和长裤 [17]。还有波斯特谷物公司的财富继承人——玛荷丽·梅莉薇德·波斯特夫人（Mrs Marjorie Merriweather Post）以及伊娃琳·沃尔什·麦克林二人也坚守着正装的传统。此二人均是海瑞·温斯顿的客户（图 293）。麦克林夫人于

图 269（对页上）：银幕及舞台之星奥尔登·盖伊（Alden Gay），佩戴的长款钻石耳坠、手镯、戒指及带有吊坠的长项链均由卡地亚制作。图为爱德华·史泰钦（Edward Steichen）为《时尚》杂志所拍，1924 年。

图 270（对页下）：一对手镯中的一只，镶有不同切割样式的钻石并将钻石排成数排，中间交叠处为凸起的抽象图案。卡地亚制作，1930 年。

1936年在她的华盛顿的庄园里主持了一场新年夜晚宴及舞会。作为主持的她，身上佩戴着希望之钻、东方之星钻以及六件钻石手镯，被十五名私家侦探及一对城市警察保护得密不透风[18]。她解释说："在梳妆打扮的时候，与其拿出一两件来佩戴，我不如全部拿出来戴着，这样我就知道它们都在哪里了。"

1935年，乔治五世与玛丽王后结婚25周年的银禧庆典带起了举办盛大的英式宴席的传统。身着缀满钻石的纯白长袍、帽子上装饰着钻石羽饰，王后面带微笑，成了大不列颠最高君主的经典形象。比利时的伊丽莎白王后则采用了另一种完全不同的风格。这位王后也会佩戴钻石，但卡地亚将这些钻石镶嵌为与现代服装相配的当代设计图案[19]。印度的王子和公主们似乎受到金融风暴的影响较小，仍然赞助着备受其青睐的法国女装设计师和珠宝匠人。

图271（上）：美国奢侈品爱好者、品位不凡的大美人莫娜·俾斯麦（Mona Bismarck）。她喜欢将上等钻石珠宝与柔软、优雅的服饰搭配在一起。照片由塞西尔·比顿拍摄。

图272（对页）：标准石油的女继承人、魅力十足的米莉森特·罗杰斯。手握财富与美貌，她从梅因博谢打造的一间衣橱开始打造她富丽堂皇的珠宝帝国。

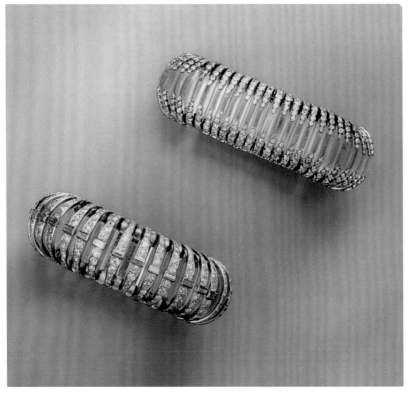

图 273—图 274（上）：一对水晶手镯，镶满长阶梯形切割钻石，卡地亚制作，1933 年。佩戴者为 1933 年最佳影片《充分谅解》（*Perfect Understanding*）中的葛洛丽亚·斯旺森（Gloria Swanson），两只手腕各戴一只手镯。

这个充斥着摩天大楼、飞机、跨洋邮轮、飞驰的轿车以及抽象派与超现实主义艺术的世界是如何反映在珠宝上的呢？首先是珠宝尺寸的变化，其次是作品强调全白设计，与时尚设计师西里·莫姆（Syrie Maugham）的室内设计相呼应。比如这件出自卡地亚之手的典型作品。卡地亚采用了像冰块一样晶莹剔透的冷色调水晶块来制作手镯和戒指（图273，图274），并用全新的长阶梯形及方形切割钻石镶嵌成华丽的条带进行装饰。上等的钻石也被切割成为全新的形状并镶嵌在几乎隐形的铂金上，如1937年《时尚》杂志所写，制作成将"美好年代的高贵优雅气质与现代工艺锦上添花的精美与别致"恰到好处地结合起来的珠宝。

那时流行的珠宝品类在绰号"薯条"的英国政客亨利·钱农爵士（Sir Henry "Chips" Channon）的日记中也有所提及，日记还记载亨利在伦敦的社交生活可谓丰富多彩，尤其是在1937年乔治六世和伊丽莎白王后（未来的王太后）的加冕礼上。在这些宴会和舞会上，男士们穿着白色燕尾服、系着白色领带，身边的女士一头利落长发，轮廓简约清晰却不失华丽的晚礼服衬出苗条的身材，还佩戴着与之相称的头饰（图275）。为了不被淘汰，珠宝商们创作出一些十分出色的样式。贝斯伯勒伯爵夫人（Countess of Bessborough）出生于法国，其丈夫受命担任加拿大总督时，她从尚美设计中挑选出一只中央镶有一颗水滴形钻石的纯白棕榈枝饰品，既显示官员的体面又有现代流线型设计的精美（图276，图277）。拉克落什受到阿尔科特家族以及乔治四世的钻石的启发，为年轻的威斯敏斯特公爵夫人设计出一种生动的俄罗斯科科什尼克冠饰，镶嵌大量最新流行的长阶梯形钻石（图278）。波旁-帕尔马的爱丽丝公主与波旁-西西里的阿方索亲王于

图275（下）：巴黎歌剧院幕间休息时的阶梯盛况。戴着冠饰的女人们将冠饰高高戴在头顶，如同光环一般。J.西蒙特（J. Simont）绘制版画，1934年。

图 276（顶部）：1931 年，尚美为贝斯伯勒伯爵夫人制作的冠饰，卵形中央装饰物两侧均有钻石镶嵌而成的棕榈叶。

图 277（上）：1938 年的美国驻大不列颠大使老约瑟夫·肯尼迪（Joseph P. Kennedy Sr）之妻罗丝·肯尼迪（Rose Kennedy）。她佩戴着贝斯伯勒头冠，与女儿凯瑟琳（Kathleen）及罗斯玛丽（Rosemary）在白金汉宫亮相。

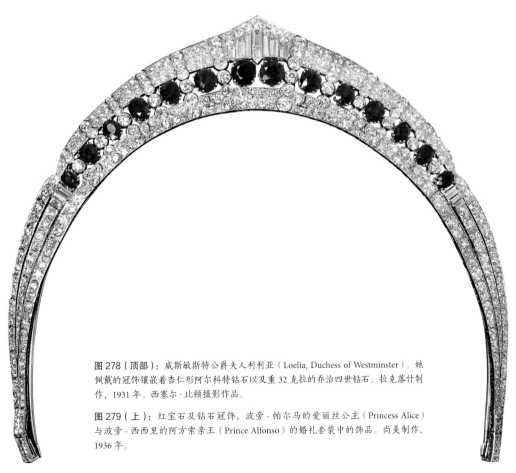

图 278（顶部）：威斯敏斯特公爵夫人利利亚（Loelia, Duchess of Westminster）。她佩戴的冠饰镶嵌着杏仁形阿尔科特钻石以及重 32 克拉的乔治四世钻石。拉克落什制作，1931 年。西塞尔·比顿摄影作品。

图 279（上）：红宝石及钻石冠饰，波旁 - 帕尔马的爱丽丝公主（Princess Alice）与波旁 - 西西里的阿方索亲王（Prince Alfonso）的婚礼套装中的饰品。尚美制作，1936 年。

1936年在维也纳举行婚礼，一些钻石也随着婚姻世袭下来。尚美为公主制作的两套包含冠饰在内的钻石套装便是采用这些钻石（图279）。梵克雅宝在30年代末为亲法的埃及王室制作的这套钻石套装堪称惊世骇俗。该套装所用钻石为圆形及长阶梯形切割，不够简朴但更加圆润有光泽。这套套装于1939年由拥有法国血统的埃及王后娜兹莉（Queen Nazli）在女儿法齐娅公主（Fawzia）与20岁的未来的伊朗国王穆罕默德·礼萨·巴列维（Mohammad Reza Pahlavi）的婚礼上首次佩戴。抽象、奢华、出挑，这些饰品成为豪华气派的后装饰风艺术之典范。

比起其他地方，伦敦更常出现隆重而正式的场合。在这些场合中，在脖颈上方、正前方用垂饰固定的项链闪烁着微光，将华丽的晚礼服衬托得更加高贵优雅。在经济危机时，通用性十分重要，例如冠饰能够改造成项链，将光环一般的头饰上显眼的非写实树叶和几何图案当链饰挂在脖子上。1938年，卡地亚将格勒维尔夫人的一条长项链拆除并将印度王子们的仪式领圈重新制作成一件形似胸饰的多圈钻石项链。这条项链共有五圈，利用四个搭扣固定在双肩处。格勒维尔夫人将这条最具帝王之气的项链遗赠给了伊丽莎白女王（图282）。多功能别针有了钻石的加持显得更加豪华。这种别针上带有尖齿，能够像晾衣架一样固定在织物上。固定在别针上的胸针则被这一创新所取代。这个时代中最具代表性的图案便是金字塔。这种金字塔不是来源于埃及，而是古代墨西哥的玛雅庙宇。钻石一层一层向上堆积，最大的一颗放置在顶部。别针的功能多种多样，可以单独佩戴或是成对别在帽子上或上衣处，也可用作手镯的中央装饰物或是悬挂在项链上作为垂饰。每一枚别针无论是单独佩戴还是与其他饰品组合佩戴都非常好看。

日常佩戴的手镯可以戴在手套外，也可直接戴在手臂上。无论是固定大小的手镯还是可调节的手环，数量都急剧增加。中央装饰物的种类越来越多，尺寸也越来越大，手环系扣处出现了向上伸展的涡卷纹图案。女人们拥有再多的手镯也不为过。小说家南茜·米特福德（Nancy Mitford）在1932年的作品《圣诞布丁》（Christmas Pudding）中将钻石手镯描写为一种爱的催化剂。故事中有人提议对于雷威斯侯爵迈克尔来说，想要捕获他挚爱的费拉德尔菲亚·鲍宾的芳心，最好的方法就是"下午去趟卡地亚，买一只迷人的戒指以及一只钻石手镯送给她"。这剂药的效果十分惊人：

图280（上）：1939年，埃及王后娜兹莉·福阿德（Nazli Fouad）佩戴着日出项链（对页图）出席女儿法齐娅公主与未来的伊朗国王的庆婚宴。

图281（对页）：钻石日出项链，梵克雅宝为娜兹莉王后制作，1939年。

钻石是一种令女人着魔的石头，哪怕没什么实际用处。费拉德尔菲亚看着……她的手腕，忘记了她原本要宣布与另一个人订婚的事。她含情脉脉地将双臂环在迈克尔的脖子上，像个孩子一样快乐并喊道："噢，这迷人的手镯。谢谢你，亲爱的迈克尔，你对我真好。"

　　30 年代还在继续，但设计逐渐变得更加跳脱，种类也越来越多，且在项链、搭扣及涡卷形图案中不再出现棱角。这种趋势也导致了黄金底托及自然主义图案（主要是树叶和花朵）的重现。这些图案取代了抽象派，形成了昙花一现的"复古风格"（Retro）。

图 282（上）：尊敬的格勒维尔夫人遗赠给王太后伊丽莎白女王的钻石花彩项链。卡地亚制作，1929 年，于 1938 年增加多圈项链。

第二次世界大战后

1939 年，战争的开始使得漫长珠宝史在这一时期宣告终结，但第二次世界大战后的经济复苏使得奢华靓丽的社交事件再次回到大众视野中。1947 年，克里斯蒂安·迪奥引领了一种具有浪漫主义女性气质的"新风尚"，特点便是低胸、收腰、裙摆宽大蓬松的晚礼服。带起这种"长袍风尚"的不只有迪奥，还有时尚品牌巴尔曼（Balmain）、巴黎世家（Balenciaga）和纪梵希（Givenchy）。这些品牌为昂贵的钻石套装提供了含有项链、耳坠及手镯的理想化搭配。这些饰品的佩戴者包括出入著名的"咖啡公社"（Café Society）的那些面容姣好的年轻人，或是出席令人向往的慈善舞会、外交欢迎会以及在欧洲和美国举行的私人娱乐活动场合的"社会名流"。1953 年，伊丽莎白女王的加冕礼成了世袭冠饰和新式冠饰的展览会。此后，这些冠饰也会在正式的夜间场合中出现，但更多地用作装饰而非强调社会等级。这一时期也见证了欧洲贵族的迅速没落，从前珠宝所代表的政治权利和财富皆不再属于这些贵族人士。

设计款式，尤其是向上长出的涡卷叶及花格图案，与蓬松的短发造型很相称，而且能够轻易地转变为贴颈短项链。长耳饰经双层缎带设计垂坠而下，与悬于尾端的吊坠相连，展现出迷人的灵动效果。项链突出强调了中心图案，而自然主义再度重现于胸针上。加拿大地质学家威廉姆森博士为女王伊丽莎白二世的加冕礼制作的这一枚胸针上，一朵雪绒花置于长阶梯形花茎上，花中央镶有一颗 23 克拉的粉钻，是自然主义重现的典范（图 283）。另一例也十分出色，即大名鼎鼎的黑豹胸针，以蓝宝石为皮毛上的斑点、黄钻为眼，可用作手镯、衣夹、耳夹及戒指。1957 年，卡地亚为神秘的斯里兰卡小姐妮娜·戴尔（Nina Dyer）制作的安全别针也使用了这枚黑豹胸针。妮娜先后嫁给了冯·蒂森·博尔奈米绍男爵（Baron von Thyssen Bornemisza）以及萨德尔丁·阿加·卡恩王子（Prince Sadruddin Aga Khan，图 285）。

另一位重要买家是常年荣登"最佳着装"的温莎公爵夫人（即华里丝·辛普森，Wallis Simpson）。她的藏品皆出自 20 世纪 30 年代

图 283（左）：中间镶有上等粉钻的花朵胸针，由威廉姆森于 1947 年献给女王伊丽莎白二世。卡地亚制作，1953 年

图 284（右上）：佩戴着乔治四世钻石王冠（见图 212）、流苏项链、多层耳饰的女王伊丽莎白二世，其嘉德绶带上也别有胸针。

到 60 年代之间伟大的匠人们之手，通过 1987 年 4 月 2 日苏富比举办的"最振奋人心的珠宝售卖会"四处流散。为了娶华里丝为妻，爱德华八世于 1936 年放弃王位，将这些"王冠珠宝的替代品"赠送给她，其中并不包括冠饰。爱德华与王室的关系只剩一件珠宝能够代表，即暗指其威尔士亲王头衔的钻石徽章（图 286，图 289）。温莎公爵夫人最重要的钻石全部都是淡黄色，包括一对由卡地亚制作，能够完美贴合耳廓的双层耳夹以及两只十分登对的梨形领夹。这对领夹是在 1948 年从温斯顿手中购得，因其巨大的尺寸和金光闪闪的外表（图 287，图 288），成为温莎公爵夫人口中"引起轰动"的宝贝。作为珍贵钻石的鉴赏行家，美国名流及家业继承人芭芭拉·赫顿（Barbara Hutton，图 290）一心想要拥有与其姨妈——著名的俄罗斯女大公杰茜·赫顿·多纳休（Jessie Hutton Donahue）一样规格的藏品。作为《小姐身穷苦命》（Poor Little RichP Girl）的原型，接二连三的失败婚姻令她再度病入膏肓，最终英年早逝，此生从未体会过真正的幸福[20]。

图 285（下）：钻石黑豹珠宝，被萨德尔丁·阿加·卡恩王子之妻妮娜·戴尔用作环形别针、手环或是胸针。卡地亚制作，1957 及 1958 年。

〔对页〕

图 286（左上）：佩戴着威尔士亲王徽章的温莎公爵夫人，这枚勋章之后被伊丽莎白·泰勒收入囊中。西塞尔·比顿摄影作品。

图 287（右上）：一对黄钻耳饰，卡地亚为温莎公爵夫人制作，1968 年。

图 288（左下）：温莎公爵夫人的爪镶黄钻领夹（分别重 40.81 克拉及 52.13 克拉），海瑞温斯顿制作，1948 年。

图 289（右下）：缀有三只羽毛的王冠组成的徽章，爱德华八世为华里丝·辛普森（后来的温莎公爵夫人）打造的徽章，约 1935 年。

第二次世界大战后，海瑞·温斯顿成为钻石珠宝的代名词。从 1947 年开始，他雇用了印度的天才设计师安巴吉·欣德（Ambaji Shinde），负责设计标志性的"花环"项链以及其他具有温斯顿特色的，以凸显宝石本身特性为主的饰品[21]。印度王公掌握的全新宝石源通过新建立起的共和国（图291，图292）侵占了他们的销售收入，不过他们当中比较富有的人还是继续购买海瑞的珠宝。北美自鼎盛时期至今未受战争、种族斗争以及 20 世纪出现的劳资争议的侵袭，因此吸引了来自天南地北的客户。梅·邦菲尔斯·斯坦顿（May Bonfils Stanton）、玛荷丽·波斯特夫人、克莱斯勒汽车制造商之女玛丽·富瓦（Mary B. Foy）及得克萨斯石油大亨都拥有丰富的藏品。温斯顿曾为基拉姆夫人制作了一款镶嵌在天蓝色查理曼之冠（Crown of Charlemagne）上的胸针，对古典钻石有着浓厚兴趣的温斯顿因此感到十分骄傲。在为富瓦夫人制作的一对耳饰上，他镶上了一颗原属路易十四的梨形钻，另一些戒指使用的则是威斯敏斯特冠饰上的乔治四世钻及纳瓦卜钻。

温斯顿的名气吸引到了伊朗国王的赞助。伊朗国王在 1958 年曾委托打造过一款十分出色的多彩钻石冠饰，其中央镶有重 60 克拉的"目之光"钻石，以便第三任妻子法拉赫王后（Farah）佩戴在婚礼头纱上（图 294）。

图 290（上）：佩戴着钻石祖母绿冠饰、钻石戒指及手镯的伍尔沃斯百货商店继承人芭芭拉·赫顿。西塞尔·比顿摄影作品。

图 291（对页上）：印多尔的王公耶什万特·拉奥·霍尔卡二世（Yeshwant Rao Holkar II），西班牙宗教法庭项链（Spanish Inquisition necklace）的原主人。

图 292（对页下）："西班牙宗教法庭"项链，由新式及老式切割钻及十七颗优质祖母绿组成。项链由海瑞·温斯顿从印多尔王公处获得后命为此名。

另一位王室客户为沙特阿拉伯国王，他购置的珠宝品类繁多，每次不是只买两三件，而是一次性买下八只钻石手镯。温斯顿那些优美时髦、一气呵成的设计得益于宝石间的合理搭配，从而凸显宝石之美。长方形、圆形、梨形、水滴形等不同切割形式的宝石密集镶嵌在一起，看似凌乱但相互之间紧密相连，形成完美角度，确保不露出金属衬板，将视线牢牢吸附于"令人瞠目"的光芒之上（图296，图297）。正是他如此精准的手艺令佩戴者能够承受如此多璀璨夺目的钻石的重量（图294，图295）[22]。

就在腰缠万贯的伊朗和沙特王室、工业大亨、银行家和金融家们争夺那些最优质的钻石时，钻石商们推出了一个营销项目，这进一步推动了民主化进程。1948年，戴比尔斯在美国的广告代理商打出"钻石恒久远，一颗永流传"的口号。之后，玛丽莲·梦露在1953年的电影《绅士爱美人》中唱出了"钻石是女孩们最好的朋友"。伊恩·弗莱明（Ian Fleming）1956年出版的詹姆斯·邦德系列小说《永远

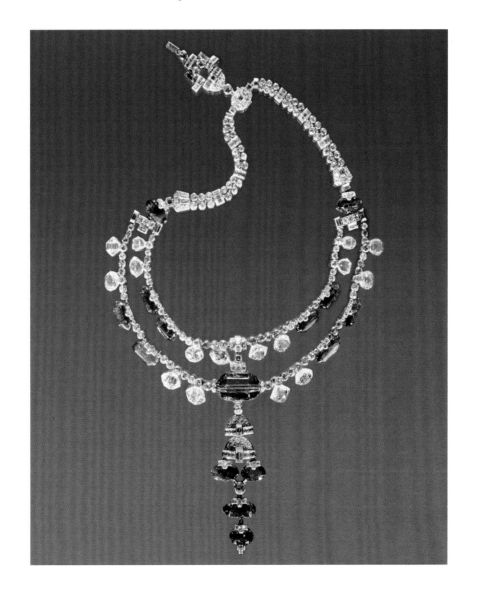

的钻石》以钻石走私为主题，促进了对钻石的进一步推广。媒体的宣传在日本尤其成功，到 1981 年底，日本已成为仅次于美国的全球第二大钻石市场。凭借着无论体积大小均能发出耀眼光芒的性质，钻石的国际市场逐渐打开，很快，每个女人都渴望拥有一枚镶着准丈夫能买得起的最大钻石的订婚戒指。现如今，曾经与权力、财富及社会地位联系在一起的钻石被推广成为表达爱慕的信物。钻石的终极民主化是由蒂凡尼完成的。蒂凡尼大力宣传"钻石数以码计"（Diamonds by the Yard）系列，由 20 世纪 70 年代的知名珠宝设计师埃尔莎·佩雷塔（Elsa Peretti）设计。有意思的是，这些主打碎钻镶嵌法的耳饰或手链、项链等细金链的销量非常好。

20 世纪 30 年代开始，好莱坞的影星们就表现出了对钻石珠宝的渴望，其中最热情的要数伊丽莎白·泰勒。拥有代表着"爱、趣味与欢笑"的一生，她肯定了"这些美丽的作品所带来的情绪与心理上的欢愉、刺激及纯净的幸福感"，它们"令我在台上收放自如、魅力无限"。她说，在第三任丈夫麦克·托德宣布"你是我的王后，你值得拥有一顶冠饰"之后，她戴上了他赠送的这顶维多利亚式头冠，"因为他是我的王"（图 243，图 244）。后来的一些重要的藏品包括重 33 克拉的克虏伯钻戒、重 69.42 克拉的梨形吊坠以及从温莎公爵夫人的藏品中得来的威尔士亲王的徽章（图 289）。这些藏品都是通过第五任丈夫，演员理查德·伯顿（Richard Burton）而得，他认为伊丽莎白是"好莱坞的女王"[23]。相比之下，嫁给摩洛哥亲王兰尼埃的明星格蕾丝·凯莉（Grace Kelly）看起来则低调许多。

对于仍将钻石视为君主之威象征的西班牙王后尤金妮亚，在失去君主之位后，她将珠宝卖掉，以支撑在瑞士洛桑一座旧喷泉别墅的流放生活。

图 293（上）：两位美国的"钻石王后"：从食品工业继承百万家产的玛荷丽·梅里韦瑟·波斯特夫人以及科罗拉多露营鸟金银矿（Colorado Camp Bird）继承人伊娃琳·沃尔什·麦克林。

图 294（顶部）：伊朗的法拉王后，佩戴着为婚礼准备的彩色钻石冠饰，冠饰中央镶嵌着粉色的"目之光"钻石。海瑞温斯顿制作，1958 年。

图 295（上）：在法国进行国事访问的法拉王后及其丈夫伊朗国王，两人均佩戴着由海瑞温斯顿在 1961 年制作的钻石珠宝。

她的女儿——玛利亚·克里斯蒂娜公主也卖掉了珠宝，但一点不后悔。众所周知，钻石能够在危难时刻帮助主人渡过难关，但现在钻石又有了新用处：可以作为一项投资。这是由苏富比主席彼得·威尔逊（Peter Wilson）首先提出的，他认为艺术作品、珠宝和宝石不仅能够作为奢侈品买来图个高兴，而且还是赚钱的机会。这种想法迅速发酵，做钻石投机生意的人越来越多，一直到1981年钻石不可避免地出现了暴跌。

值得注意的是，钻石买卖从20世纪30年代开始保持稳定，而90年代出现的一些变化开始威胁到戴比尔斯公司对市场的长期控制权，迫使他们不得不针对这些变化做出调整。首先，1914年，为鼓励公平的商业竞争、维护消费者权益，美国出台了《反托拉斯法案》，禁止垄断的形成，从而导致作为垄断联盟的戴比尔斯无法在美国进行贸易。其次，除非洲的博茨瓦纳、安哥拉、扎伊尔、坦桑尼亚、塞拉利昂外，俄罗斯、澳大利亚以及加拿大也开采出了新矿源。戴比尔斯公司无法再阻止这些矿场越过他们直接向市场供货。2011年，百年垄断企业面临亏损，奥本海默家族撤离公司，戴比尔斯开始实施包括零售在内的新战略。

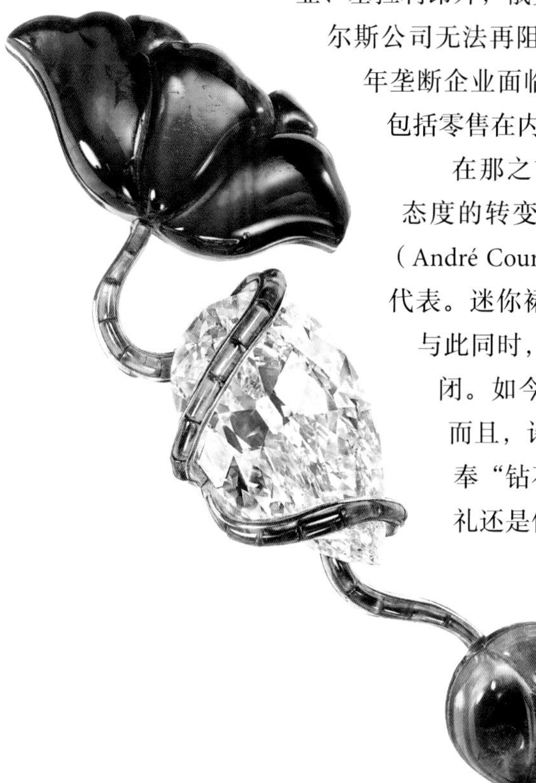

在那之前还发生过一些大的变化，最显著的变化要数社会态度的转变，人们不再愿意服从。法国设计师安德烈·库雷热（André Courrèges）在1965年推出的迷你裙堪称航天时代的时尚代表。迷你裙开启了休闲着装潮流，短裤在女性当中广泛流行，与此同时，包括时尚大师巴黎世家在内的时装设计品牌纷纷倒闭。如今，日常穿着与在剧场等特殊场合的着装几乎无异。而且，许多夫妻更加希望把钱花在昂贵的度假上，而不是信奉"钻石恒久远，一颗永流传"的说辞去购买钻石戒指。婚礼还是保留了王室婚嫁习俗中佩戴冠饰的部分，但冠饰已不再象征无形的地位，而只是庆祝的标志（图298）。

石油、技术、通信和金融生意催生出大量暴发户，他们除了把钱用来买游艇、庄园、私人飞机和当代艺术这些奢侈品外，还会投资稀有宝石。波斯湾阿拉伯国家的一些大客户富可敌国且偏爱豪华贵气

图296（对页上）：辛德为卡罗琳·瑞安·福克夫人（Carolyn Ryan Foulke）设计的钻石花环项链，由海瑞温斯顿承制，1961年。

图297（对页下）：海瑞温斯顿为贝齐·布鲁明戴尔（Betsy Bloomingdale）制作的钻石簇耳饰。

图298（右上）：图为2018年萨塞克斯公爵夫人梅根·马克尔（Meghan Markle）与哈里王子的婚礼，她佩戴着玛丽王后的菱形带状钻石头饰（20世纪30年代）。

图299（左上）：碧玺及重37.23克拉的钻石组成的罂粟花及花苞胸针。JAR为莉莉·萨伏拉夫人制作，1982年。

图 300（上）：18 世纪茉莉花钻石胸针，为玛格丽特·撒切尔（Margaret Thatcher）所有。

的风格，这激发出一些极度奢靡的设计。比起首饰单品，他们更想要购买成套的"珠宝盒"送给女人们，以及内含手表、袖口链扣、图章戒指、领带夹的套装送给男人们。来自苏联和远东的那些新型寡头统治集团的大钻石买家可能会找埃丽萨·穆萨耶夫（Elisa Moussaieff）和劳伦斯·格拉夫（Laurence Graff）拿货。这两个人从20世纪80年代开始便是公认的海瑞·温斯顿的继承人。

　　与富人的个人收藏一样，进入拍卖会的重要钻石也越来越多。莉莉·萨伏拉是一位黎巴嫩银行家的妻子。她与大富豪罗纳德·佩雷尔曼（Ronald Perelman）的妻子——女演员兼制片人埃伦·巴尔金（Ellen Barkin）[24] 拥有的钻石成了当代钻石珠宝的最佳代表。这些钻石都出自以"JAR"（Joel Arthur Rosenthal）的名号享誉业界的美国珠宝设计师乔·罗森塔尔（Joel Rosenthal）。他在欧洲的事业始于 1977 年并一直延续至今（图 299）。尽管 JAR 形成了鲜明的个人品牌，但从 20 世纪后期至今并没有出现统一的艺术风格。尽管风格混杂，但是追求质量的古董钻石商还是忠实拥趸，尤其是 1979—1990 年英国首相、保守党政治家玛格丽特·撒切尔，她将一枚 18 世纪的茉莉花胸针别在衣领处，不仅表达出女性阴柔的气质，也为她的亮相增添气场。这枚胸针购买价为 3900 英镑，由于与她的形象完全融为一体，在她去世后，胸针卖出了 158000 英镑的价格（图 300）。另一位狂热爱好者是卡塔尔王室成员谢赫·哈迈德·本·阿卜杜拉·阿勒萨尼（Sheikh Hamad bin Abdullah Al Thani）阁下。他将他所有的具有历史意义的钻石与 JAR 打造的作品归为一个系列，并在博物馆中进行展览。为了做这件事，他不顾公共舆论并强调钻石拥有的是贯穿古今的美丽（图 301）。

　　在过去的半个世纪中，伦敦白金汉宫那曾经坚不可摧的气派已成过往。由于请柬中不再强调"佩戴冠饰"，那些拥有钻石的人更愿意把钻石放在银行里，眼不见为净。可是，君主与钻石之间的古老而又神奇的关联尽管不可名状但依然存在。人们在国会开幕大典或是各国首脑聚会等仪式上见到"如太阳般光芒万丈"的伊丽莎白二世时，仍然会备感骄傲。这种王室气派的传统在文莱和中东石油大国中的君主那里依然盛行。

尽管如此，现代营销以及充足的货源使得钻石丧失了延绵数个世纪的权贵专有权，钻石对于世界而言已经不再是负担不起的物品。远离了那个阶级鲜明、尊卑有别的社会，钻石不再是集权统治的象征。的确，过去那些盛大的加冕礼、洗礼仪式和王室婚礼中所有的光辉已如同梦境一般悉数散去。总体而言，既然古往今来对非同寻常的钻石产生渴望的人不在少数，那么我们应当在它漫长而有意义的历史中拥抱充满挑战的新篇章。

图 301（下）：铂金、珍珠和粉钻制成的莫卧儿式头巾装饰物，灵感源自被花朵压弯的花枝。JAR 制作，2016 年。

注释

第一章

1. Some, such as the Venetian Baude de Gui and the Genoese Nicolas Pigasse, established themselves in Paris alongside French-born dealers, for instance Colin du Pont, Jehan Carré, Jehan Aubin, Michel de Lallier and François de Nesle. For further details of gem dealers see E. Kovács, *L'Âge d'Or de l'Orfèvrerie Parisienne: Au Temps des Princes de Valois* (2004), pp. 280–84.
2. L. Courajod, *Leçons Professées à l'École du Louvre* (1899–91), vol. 2, p. 48.
3. J. Labarte, *Inventaire du Mobilier de Charles V, Roi de France* (1879). Philip the Bold distributed 320 diamonds on New Year's Day, 1401, quoted by Kovács (2004), p. 280 and n. 20.
4. Pliny, *Natural History*, book XXXVII, xv.
5. R. Lightbown, *Medieval European Jewellery* (1992), p. 16.
6. Patronized by the Dukes of Burgundy.
7. J. Ogden, *Diamonds: An Early History of the King of Gems* (2018), chapter 6, p. 103.
8. V. Gay, *Glossaire Archéologique* (1929). It was 'pour avoir rabillé et mis sur son molin la belle poincte de dyamant'.
9. Lightbown (1992), p. 15.
10. *Ibid.*, p. 16.
11. H. Tillander, *Diamond Cuts in Historic Jewellery 1381–1910* (1995), p. 34 and fig. 22.
12. *Ibid.*, pp. 87–92.
13. *Ibid.*, pp. 93–95.
14. *Ibid.*, fig. 161.
15. Kovács (2004), chapters 1, 2 and 3.
16. F. Falk, 'The Cutting and Setting of Gems in the 15th and 16th Centuries', in A. Somers Cocks, ed., *Princely Magnificence* (1980), pp. 20–26.
17. Kovács (2004), no. CCXLII.
18. Lightbown (1992), p. 33.
19. *Ibid.*, p. 37, and H. Bari and V. Sautter, eds, *Diamants* (2001), p. 250.
20. M. Y. Offord, ed., *Thornton MS*, Early English Text Society (EETS) (1959), II, pp. 122–28.
21. D. Scarisbrick, *Jewellery in Britain 1066–1837* (1994), p. 3 from *De Laudibus legame Angliae*.
22. Bari and Sautter (2001), p. 250.
23. Labarte (1879), no. 10.
24. L. Pannier, *Les Joyaux du Duc de Guyenne* (1873), extracted from the *Revue Archéologique*, no. 15, p. 45.
25. Tillander (1995), p. 90.
26. Kovács (2004), pp. 184–91.
27. E. Tabouret Delahaye, 'Les Bijoux d'Isabeau de Bavière', *Bulletin de la Société Nationale des Antiquaires de France* (2002), p. 244.
28. Lightbown (1992), p. 117.
29. *Ibid.*, p. 173.
30. Kovács (2004), 1391, no. LXXII.
31. Lightbown (1992), p. 284.
32. *Ibid.*, p. 290
33. *Ibid.*, pp. 289–90.
34. *Ibid.*, p. 286.
35. *Ibid.*, p. 290.
36. S. de Nicollière, 'Le Collier d'Antoinette de Magnelais', *Bulletin de la Société Archéologique et Historique de Nantes* (1859–61), I, p. 333.
37. Lightbown (1992), p. 61.
38. *Ibid.*, p. 39.
39. *Ibid.*, p. 203.
40. *Ibid.*, p. 204: posthumous Inventory of James III.
41. *Ibid.*, p. 219.
42. *Ibid.*, p. 208.
43. Kovács (2004), no. CVII.
44. B. Morel, *The French Crown Jewels* (1988), p. 250.
45. Kovács (2004), no. CCXXI.
46. Lightbown (1992), n. 55, p. 220.
47. Kovács (2004), no. LXIX.
48. *Ibid.*, p. 184.
49. Lightbown (1992), p. 184.
50. Kovács (2004), no. XXXI, p. 355.
51. Paston Letters, no. 184, 18 December 1452.
52. Lightbown (1992), pp. 184–85.
53. Pannier (1873), p. 13.

54. Lightbown (1992), p. 175.
55. *Ibid.*, p. 174: posthumous inventory of Mary of Burgundy, 1482.
56. *Ibid.*, p. 64.
57. *Ibid.*, p. 338.
58. *Ibid.*, p. 296.
59. *Ibid.*
60. *Ibid.*, p. 297.
61. *Ibid.*
62. B. Morel in Bari and Sautter (2001), p. 250.
63. Kovács (2004), no. CCLVI.
64. Pannier (1873), p. 12.
65. A. La Borderie, 'Inventaire des Meubles et Bijoux de Marguerite de Bretagne 1469', *Bulletin de la Société Archéologique de Nantes* (1864), IV, pp. 45–60.
66. Pannier (1873), p. 69, no. 6; B. Morel in Bari and Sautter (2001), p. 251.
67. Lightbown (1992), p. 358.
68. Pannier (1873), p. 36: it seems inspired by the Golden Horse of Altötting (Paris, 1400, cat. 95), which is similarly accompanied by a groom.

第二章

1. Jacopo Typotius, *Symbola Divina et Humana* (1603): 'the fortitude of the diamond by which it can wear down all stones and gems, and the endurance by which it resists fire and iron and the dignity by which it surpasses all other gems'.
2. L. Giucciardini, *Descrittione di Tutti I Paesi* (1567), pp. 126–27.
3. D. Starkey and P. Ward, eds, *The Inventory of King Henry VIII* (1998), no. 3687.
4. A. Denuzio, 'Nuovi documenti del mecenatismo di Margherita d'Austria', *Aurea Parma*, LXXXI (1997), p. 285.
5. H. Tillander, *Diamond Cuts in Historic Jewellery 1381–1910* (1995), p. 54.
6. J. Whalley, 'Smokes and Mirrors: the Enhancement and Simulation of Gemstones in Renaissance Europe', in D. Saunders et al., *The Renaissance Workshop* (2013), pp. 79–89, especially section headed 'Diamonds', p. 85.
7. *Mémoires de la Société Impériale des Antiquaires de France* (1868), 3rd series, vol. X, pp. 21–66: Inventaire des objets d'art … trouvés en 1532 au Château de Bury … 'je les tiens d'un prix inestimable'.
8. B. Morel, *The French Crown Jewels* (1988), p. 98.
9. *Ibid.*, p. 94.
10. *Ibid.*
11. *Ibid.*, pp. 99–104.
12. Pierre de Bourdeille, seigneur de Brantôme, *Recueil des Dames, Poésies et Tombeaux*, ed. E. Vaucheret (1991), 1, ii, pp. 31–32; C. Paradin, *Devises Héroïques* (1557), p. 64.
13. Paris, Bibliothèque Nationale de France, MS Fonds Français, no. 20, 640, fol. 6; Morel (1988), pp. 102–13.
14. G. Bapst, *Du Rôle Économique des Joyaux dans la Politique et la Vie Privée pendant la Seconde Partie du XVIe Siècle* (1887), p. 55.
15. E. de Fréville, 'Notice Historique sur l'Inventaire des Biens Meubles de Gabrielle d'Estrées', *Bibliothèque de l'École des Chartes* (1841–42), vol. 3, pp. 148–71.
16. B. Morel, 'Les Diamants des Monarchies Européenes', in H. Bari and V. Sautter, eds, *Diamants* (2001), p. 255.
17. Starkey and Ward (1998).
18. *Ibid.*, no. 3686.
19. R. Brown, ed., *Calendar of State Papers Relating to English Affairs in the Archives of Venice, Volume V, 1534–1554* (1873), p. 533.
20. D. Scarisbrick, 'Anne of Denmark's Jewellery Inventory', *Archaeologia* (1991), vol. 109, p. 237, no. 406 (no. 48 below); 'Spain: May 1554, 11–20', in R. Tyler, ed., *Calendar of State Papers, Spain* (1949), vol. 12, p. 256: presents for Mary I on 16 May 1554 'set in a rose'.
21. British Library, Royal MS. Appx 68, no. 72.
22. *Ibid.*, no. 74.
23. *Ibid.*, no. 75.

24. Quoted in E. Jenkins, *Queen Elizabeth* (1958), p. 292.
25. Quoted in A. J. Collins, *Jewels and Plate of Queen Elizabeth* (1955), p. 3.
26. *Lettres Inédites de Mme de Maintenon et de Mme la Princesse Des Ursins* (1826), III, p. 307.
27. Quoted in A. Somers Cocks, ed., *Princely Magnificence* (1980), p. 3.
28. L. Seelig, 'Pretiosen in der Münchner Schatzkammer', *Kunst et Antiquitäten*, V (1987), pp. 79–87.
29. D. Syndram, *Gems of the Green Vault in Dresden* (2000), p. 33; for Elector Augustus and Anna see also E. von Watzdorf, *Münchner Jahrbuch der Bildenen Kunst* (1943), 11, pp. 50–64.
30. J. Hein, *The Treasure Collection at Rosenborg Castle* (2009), vols 1–3.
31. Somers Cocks (1980), pp. 90–94, nos 125a–125p.
32. R. Stettiner, *Das Kleinodienbuch des Jacob Mores in der Hamburgischen Stadtbibliothek* (1916); Y. Hackenbroch, *Renaissance Jewellery* (1979), pp. 209–10 and n. 149; Somers Cocks (1980), G5, pp. 128–29.
33. Starkey and Ward (1998), no. 1.
34. *Ibid.*, no. 8.
35. *Ibid.*, nos 2124 and 3673.
36. G. Campori, *Raccolta di Cataloghi ed Inventarii Inediti* (1870), pp. 48–49: crowned double-headed eagle red velvet hat jewel.
37. Fréville (1841–42).
38. P. Muller, *Jewels in Spain 1500–1800* (1972), p. 49, n. 192.
39. Fréville (1841–42).
40. Morel (1988), p. 103.
41. British Library Royal MS. Appx 68, no. 258.
42. *Ibid.*, bodkins nos 462–529.
43. British Library Royal MS. Appx 68, no. 475.
44. British Library Add. MS 5751 A, fol. 212; Somers Cocks (1980), no. 75k.
45. Fréville (1841–42), p. 167.
46. See Sir Henry Guildford, invested 1526, portrayed by Hans Holbein with official Garter collar, Royal Collection.
47. Starkey and Ward (1998), no. 2773: 'A man of dyamontes with a shield and a sword standing upon a dragon'.
48. R. Tyler, ed., *Calendar of Letters, Despatches and State Papers Relating to the Negotiations between England and Spain* (1954), vol. XIII, p. 44.
49. Hein (2009), vol. 2, p. 35, no. 31, and Garter no. 29.
50. British Library Royal MS. 7C xvi, fol. 31; F. Palgrave, ed. *The Antient Kalendars and Inventories of his Majesty's Exchequer* (1836).
51. Starkey and Ward (1998), no. 2746.
52. British Library, Sloane MS 814, fol. 27.
53. Scarisbrick (1991), no. 406.
54. For instance the motto ICH DIEN and feathers of the Prince of Wales, Starkey and Ward (1998), nos 2204, 2195.
55. Starkey and Ward (1998), no. 2207.
56. British Library Royal MS. Appx 68, no. 152.
57. M. Merlet, 'Inventaire des Joyaux de Jeanne de Hochberg, Duchesse de Longueville', *Bulletin Archéologique du Comité des Travaux Historiques et Scientifiques* (1884), pt I, pp. 372–73, no. 2.
58. Morel (1988), p. 103.
59. Fréville (1841–42) alludes to Jupiter, Lord of the Heavens.
60. M. St Clare Byrne, ed., *The Lisle Letters* (1981), vol. 1, p. 274.
61. Muller (1972), p. 47.
62. Merlet (1884), p. 373, nos 3, 8.
63. Starkey and Ward (1998), no. 2092.
64. *Ibid.*, no. 2648.
65. T. Rymer, ed., *Foedera, conventions, literas … inter reges Angliae …* (1704–26), XV, pp. 758–59.
66. Starkey and Ward (1998), no. 2645.
67. *Ibid.*, no. 2209.
68. *Ibid.*, no. 2619.
69. British Library Royal MS. Appx 68, no. 2.
70. Starkey and Ward (1998), no. 2056.
71. *Ibid.*, no. 2638.
72. British Library Royal MS. Appx 68, no. 34.
73. *Ibid.*, no. 44.

74. Bertini (2012).

75. M. Bimbenet-Privat, 'Dessins Inédits de François Dujardin, Orfèvre de Catherine de Médicis', *Gazette des Beaux Arts* (June 1987), vol. CIX, pp. 193–94.

76. Fréville (1841–42).

77. Bourdeille (1991), II, p. 305: 'très brillants et proprement mis en œuvre avec leurs lettres égyptiennes et hiéroglyphiques'.

78. Starkey and Ward (1998), no. 2735.

79. Muller (1972), p. 99.

80. British Library Royal MS. Appx 68, no. 274.

81. Starkey and Ward (1998), no. 2083.

82. Fréville (1841–42).

83. British Library, Royal MS. Appx 68, nos 208, 207.

84. *Ibid.*, no. 230.

85. *Ibid.*, no. 202.

86. Hein (2009), vol. II, p. 62, no. 92; vol. II: '9 rubies 18 diamonds all table cut' and wife is no. 93.

87. Coronation diamond rings: that of François I was 'en dosne d'asne' [en dos d'âne], that of Henri II a large point cut and that of Henri IV 'Un autre diamant en table ... celuy duquel le Roy a espouze le royaume ...'.

88. Mary Tudor was the exception in that she chose a plain gold band for her marriage with Philip II 'as maidens were married in the olden times'.

89. John Foxe, *Acts and Monuments* (1563).

90. Bourdeille (1991), p. 577; 'Woman often changes/ Foolish is the man who trusts her' (1590), (Virgil, *Aeneid*, IV, line 569).

第三章

1. H. Tillander, *Diamond Cuts in Historic Jewellery 1381–1910* (1995), p. 54, fig. 2.

2. J. Ogden, *Diamonds: An Early History of the King of Gems* (2018), quoting F. Devon, *Issues of the Exchequer, James I from the Pell Records* (1836), p. 147.

3. L. Battifol, *La Vie Intime d'une Reine de France au XVIIe Siècle* (1906), II, p. 90.

4. F. Bruel, 'Deux Inventaires de Bagues, Joyaux, Pierreries et Dorures de la Reine Marie de Médicis (1609–1610)', *Archives de l'Art de Français*, new series (1908), II, p. 186.

5. E. de Fréville, *Bibliothèque de l'Ecole des Chartes* (1841–42), vol. 3, p. 171.

6. Tillander (1995), p. 90: 'Sépulchre en façon de tombeau', i.e. a long hexagon with narrow facets.

7. Battifol (1906), II, p. 90.

8. M. Bimbenet-Privat, *Les Orfèvres et l'Orfèvrerie de Paris au XVIIe Siècle* (2002), II, p. 395.

9. Paris, Archives Nationales, T 1520.

10. Bimbenet-Privat (2002), II, p. 399.

11. *Un Temps d'Exubérance: Les Arts Décoratifs sous Louis XIII et Anne d'Autriche* (2002), Paris, Grand Palais, exh. cat., no. 181.

12. Madame de Motteville, *Mémoires pour Servir à l'Histoire d'Anne d'Autriche* (1982), p. 110.

13. *Ibid.*, p. 396.

14. J. Cordey, 'L'Inventaire après Décès d'Anne d'Autriche', *Bulletin de la Société de l'Histoire de l'Art Français* (1930), pp. 228–75.

15. *Ibid.*, nos 235, 230: 'à facettes de tous costez'.

16. *Ibid.*, no. 216 and H. Bari and V. Sautter, eds, *Diamants* (2001), p. 252: first recorded marquise.

17. *Ibid.*, no. 226.

18. *Ibid.*, no. 224; B. Morel, *The French Crown Jewels* (1988), p. 147, identified as the Cité, pledged by Queen Henrietta Maria in Amsterdam.

19. Cordey (1930), no. 225; Morel (1988), p. 147, the Rose d'Angleterre, also pledged by Queen Henrietta Maria, bequeathed by Cardinal Mazarin to Queen Anne.

20. *Ibid.*, no. 234, valued at 2555 livres, taken by Louis XIV.

21. Motteville (1982), p. 179.

22. Cordey (1930), p. 272, no. 217, bracelet centrepiece, rings (Louis XIII and Saint), p. 274.

23. L. Lalanne, ed., *Journal du Voyage du Cavalier Bernin en France par M. de Chantelou* (1885), p. 252.

24. H. Forsyth, *The Cheapside Hoard: London's Lost Jewels* (2013), pp. 161–63.

25. G. Davies, *The Early Stuarts* (1952), p. 7.

26. F. Palgrave, ed. *The Antient Kalendars and Inventories of the Treasury of his Majesty's Exchequer* (1836), II, pp. 300–06.

27. Bari and Sautter (2001); Morel (1988), p. 255.

28. G. Ungerer, 'Juan Pantoja de la Cruz and the Circulation of Gifts between the English and Spanish Courts in 1604/5', *Shakespeare Studies*, 26 (1998), p. 148.

29. D. Thornton, *A Rothschild Renaissance: Treasures from the Waddesdon Bequest* (2015), pp. 235–41.

30. C. R. Cammell, *The Great Duke of Buckingham* (1939), p. 255.

31. J. Nichols, *The Progresses of James the First* (1828), IV, p. 1123, no. 1.

32. D. Scarisbrick, 'Anne of Denmark's Jewellery Inventory', *Archaeologia* (1991), vol. 109, pp. 193–238.

33. H. Brown, ed., *Calendar of State Papers Relating to English Affairs in the Archives of Venice, Vol. 11, 1607–1610* (1904), no. 154.

34. M. A. Everett Green, ed., *Calendar of State Papers Domestic: James I, 1603–1610* (1857), vol. 40, no. 171.

35. Scarisbrick (1991), no. 306.

36. Dr Steven, ed., *Extracts from Accounts and Vouchers Relative to Jewels Furnished by George Heriot to Anne of Denmark 1605–1615*, n.d., p. 217.

37. E. Spenser, *Faerie Queene* (1590), II, iii, 29–33.

38. M. A. Everett Green, ed., *Calendar of State Papers Domestic: James I, 1623–25* (1859), no. 121.

39. A. Somers Cocks, *Princely Magnificence* (1980), no. 83, diamond signet ring of Rudolph II. The Medicis also used engraved diamond signets, see R. Gennaioli, *Le Gemme dei Medici al Museo degli Argenti* (2007), nos 856 and 857.

40. M. A. Everett Green, ed., *Calendar of State Papers Domestic: James I, 1619–23* (1858), p. 215 [17 January 1621]. My thanks to David Mitchell for this reference.

41. M. A. Everett Green, ed., *Calendar of State Papers Domestic: Charles II, 1670 with Addenda 1660–70* (1895), 10, pp. 368–69; D. Scarisbrick, *Elihu Yale* (2014), p. 172 and fig. 86.

42. Motteville (1982), p. 165.

43. A. J. Collins, *Jewels and Plate of Queen Elizabeth* (1955), p. 191.

44. This was not true of high ranking private individuals who, like Christian, widow of the 2nd Earl of Devonshire, accumulated a fine collection of diamond jewelry from William Gumbleton and John Austin. In 1653 she wrote to her brother, Lord Bruce, that she and her friends were arrayed 'all in scarlet shining and glittering as bright stars'.

第四章

1. G. Yogev, *Diamonds and Coral: Anglo-Dutch Jews and Eighteenth Century Trade* (1978), p. 69.

2. H. Tillander, *Diamond Cuts in Historic Jewellery 1381–1910* (1995), pp. 42, 133.

3. R. Bird and M. Clayton, *Charles II: Art and Power* (2017).

4. Chatsworth, Derbyshire, Devonshire MSS, L/18/324.

5. E. Samuel, 'Gems from the Orient, the Activities of Sir John Chardin (1643–1713) as a Diamond Importer and East India Merchant', *Proceedings of the Huguenot Society* (2000), XXVII (3), pp. 351–68.

6. British Library, Add. MS. 44825, fol. 67.

7. T. Sarmant, ed., *Le Grand Siècle en Mémoires* (2011), p. 103 [taken from the Mémoires of Louis himself].

8. Madame de Motteville, *Mémoires pour Servir à l'Histoire d'Anne d'Autriche* (1982), p. 204.

9. Sarmant (2011), p. 101.

10. J. de La Bruyère, *Les Caractères. Du Souverain ou de la République* (1688), no. 35.

11. E. Lever, ed., *Baron de Breteuil, Lettres d'Amour, Mémoires de Cour 1680–1715* (2009), p. 155.

12. B. Morel, *The French Crown Jewels* (1988), pp. 149–56.

13. A. M.-L. d'Orléans, *Mémoires de la Grande Mademoiselle* (2005), p. 97.

14. Morel (1988), pp. 158–61.

15. M. Bimbenet-Privat, *Les Orfèvres et l'Orfèvrerie de Paris au XVIIe Siècle* (2002), II, p. 401, and n. 58.

16. L. de Rouvroy, duc de Saint-Simon, *Mémoires* (1697), p. 433.

17. *Ibid.*, and n. 62.

18. Morel (1988), pp. 166–72.

19. *Ibid.*, pp. 166–68.

20. Bimbenet-Privat (2002), p. 402.

21. Morel (1988), pp. 178–83.

22. *Journal du Marquis de Dangeau*, vol. 6, p. 438, n. 1, 12 October 1698.

23. O. Amiel, ed., *Lettres de la Princesse Palatine 1672–1722* (1981).

24. Letter to Madame de Grignan, 29 July 1676.

25. Saint-Simon (1698), pp. 478–80.

26. P. de Dangeau, *Appendice à l'Année 1697*, 11 December, pp. 260–68.

27. *Ibid.*, vol. 8, p. 333: 24 February after performance of 23 February.

28. Bimbenet-Privat (2002), pp. 401–06.

29. M. Cermakian, *La Princesse des Ursins: Sa Vie et Ses Lettres* (1969), pp. 121–22.

第五章

1. Paris, Archives Nationales, T 285/1, papiers du Marquis de Jaucourt, May 1756: the jeweller Debois Delassellierre 'fait tailler 23 roses en brillant'.

2. E. F. Gersaint, *Catalogue Raisonné des Differens Effets Curieux et Rares Contenus dans le Cabinet de Feu M. le Chevalier de la Roque* (1745).

3. Madame de Genlis, *Mémoires Inédits de Madame la Comtesse de Genlis sur le Dix-huitième Siècle ...* (1825), IX, p. 341.

4. P. Le Roy, *Statuts et Privilèges du Corps des Marchands Orfèvres-joyailliers de la Ville de Paris* (1759).

5. B. Morel, *The French Crown Jewels* (1988), pp. 186–201.

6. J. Cordey, *Inventaire des Biens de Madame de Pompadour* (1939), pp. 253–61.

7. G. Maugras, *Le Duc et la Duchesse de Choiseul* (1902).

8. Paris, Archives Nationales, T*479/21.

9. Paris, Archives Nationales, Minutier central des notaires (29 April 1760), étude XCII, 628, no. 3.

10. A. Rathbone, ed., *Letters from Lady Jane Coke to her friend Mrs. Eyre at Derby 1747–58* (1899), p. 123.

11. Paris, Archives Nationales, Minutier central, étude XCI, 892.

12. Paris, Archives Nationales, T*479/21.

13. As no. 11: 'un collier composé de deux cornes avec petits nœuds et sa pendeloque'.

14. Paris, Archives Nationales, T 204/10: Papiers de François-Henri et Anne-François d'Harcourt.

15. Cordey (1939).

16. Paris, Archives Nationales, Minutier central, étude XCII, 665, no. 4, 23 April 1765.

17. *Ibid.*, no. 3.

18. Paris, Archives Nationales, T 479/1.

19. Paris, Archives Nationales, T*584/52.

20. Paris, Archives Nationales, Minutier central, étude VI, 680.

21. Paris, Archives Nationales, T*584/52.

22. 'Bague d'un diamant jaune brilliant avec 4 autres petits diamants aussi jaunes sur le corps'.

23. 'Une bague d'un brilliant blanc de forme ovale, Une bague d'un gros brilliant de forme quarée longue arrondie'.

24. 'Petite bague d'or montée de 7 pierres de diamants roses dont un gros dans le milieu et 3 petits de chaque coste 1740'.

25. D. Syndram, *Das Grüne Gewölbe, Dresden* (1997).

26. G. de Vasconcelos e Sousa, *A Joalharia em Portugal 1750–1825* (1999).

27. Marquis de Bombelles, *Journal d'un Ambassadeur de France au Portugal 1786–88* (1979), p. 281.

28. E. Daudet, ed., *Lettres du Cte. Valentin Esterhazy à sa Femme 1784–92* (1907), p. 301.

29. M. A. Denis and M. Klein, *Madame du Barry: De Versailles à Louveciennes* (1992), catalogue of the exhibition 'Diamants de Madame Du Barry', pp. 141–44.
30. Paris, Archives Nationales, T 299/2: Baptême du Prince dont l'Infante Duchesse de Parme est accouchée au mois de Juillet 1773.
31. Paris, Archives Nationales, T 299/2.
32. *Ibid.*
33. B. Jestaz, 'Diamants et Necessaire de M-A', *Lotharingia (Mélanges Hubert Collin)* (2013), pp. 329–33.
34. Morel (1988), p. 204.
35. Paris, Archives Nationales, T 299/8, 1781–85.
36. S. Burkard, ed., *Mémoires de la Baronne d'Oberkirch* (1970), p. 199.
37. Paris, Archives Nationales, T*299/3.
38. *Ibid.*, 12 February 1776.
39. Morel (1988), p. 204.
40. Paris, Archives Nationales, Aubert, T*299/3.
41. Paris, Archives Nationales, T*299/8, fol. 37, 1783, and for Madame Elisabeth, fol. 58.
42. Paris, Archives Nationales, T*299/8, fol. 75, for Madame Elisabeth 1783.
43. Morel (1988), p. 204.
44. *Ibid.*, p. 205.
45. Paris, Archives Nationales, T*299/8, fol. 109.
46. Paris, Archives Nationales, T 346 and also AN T 1120/1: the Princesse de Guéménée acquired no less than eight pairs of *mirza* earrings from the jeweller Gallanty, January–October 1781.
47. Paris, Archives Nationales, T*299/8, fol. 14.
48. Paris, Archives Nationales, T*299/6, 1775, fol. 311.
49. The saga is well told by J. Beckman, *How to Ruin a Queen* (2017).
50. Paris, Archives Nationales, T 1120/1, no. 1.
51. *Ibid.*
52. Paris, Archives Nationales, T*299/8, 1783, fol. 84.
53. Paris, Archives Nationales, T 346.
54. Paris, Archives Nationales, T*299/8, 1781, fol. 5.
55. Paris, Archives Nationales, T 299/2.
56. Paris, Archives Nationales, T*299/6, 1773, fol. 30.
57. M. Deloche, *La Bague en France* (1929), p. 50, fig. 128, and Madame Elisabeth bought 'une bague dite à l'enfantement avec un diamant sur un cristal courbe taillé a bizote monté à l'antique'.
58. L.-S. Mercier, *Tableau de Paris* (1788), XI, p. 93.
59. D. Scarisbrick, *Portrait Jewels: Opulence and Intimacy from the Medici to the Romanovs* (2011), p. 327.
60. Paris, Archives Nationales, T*299/7, fol. 35.
61. L. de Lanzac de Laborde, *Mémorial de Norvins* (1896), pp. 195–96.
62. Christie's, London, 30 May 1794, *Catalogue of Some Capital and Superb Jewels, A Foreign Nobleman. Property of an Emigrant of Fashion. Some Capital Loose Brilliants and Other Effects.*
63. Morel (1988), pp. 233–43.

第六章
1. B. Morel, *The French Crown Jewels* (1988), p. 236.
2. G. Bapst, *Histoire des Joyeax de la Couronne de France* (1889), p. 572.
3. Paris, Archives Nationales, *Inventaire des Joyaux de la Couronne de 1811, suppléments de 1812 et 1813*, O² 635 and O² 636.
4. Paris, Place Vendôme, Chaumet Collection.
5. Baron de Méneval, *Mémoires pour Servir à l'Histoire de Napoléon Ier, depuis 1802 jusqu'à 1815* (1894), II, p. 38.
6. S. Grandjean, *Inventaire après Décès de l'Impératrice Joséphine à Malmaison* (1964).
7. Paris, Bibliothèque Thiers, Register of the Jewels of the Empress Marie-Louise 1810–1815.
8. F. Masson, *Joséphine: Impératrice et Reine* (1899), p. 251.
9. J. Norvins, *Souvenirs d'un Historien de Napoléon* (1896–97), II, p. 289.
10. Paris, Bibliothèque Thiers, Register of the Jewels of the Empress Marie-Louise 1810–1815.
11. Morel (1988), pp. 271–72.
12. *Ibid.*, pp. 339–52.
13. L. de Hegermann-Lindencrone, *In the Courts of Memory* (1925), pp. 28–29.
14. B. Scott, 'In the Shadow of Marie Antoinette', *Country Life* (6 December 1979), pp. 2160–62.
15. Morel (1988), pp. 353–56.
16. Princess de Metternich, *Souvenirs 1859–1871* (2008), pp. 150–52.
17. I. Balfour, *Famous Diamonds* (1968), pp. 90–93. For the Sans Souci diamond, see J. Lees-Milne, *Deep Romantic Chasm* (2000), p. 101 (21 June 1978).
18. E. Birchall, *The Diary of a Victorian Squire* (1983).
19. O. Aubry, *L'Impératrice Eugénie et sa Cour* (1932), p. 53.
20. Morel (1988), pp. 365–81.
21. M. Meredith, *Diamonds, Gold, and War: The British, the Boers and the Making of South Africa* (2009).
22. All jewels bought by Anatole Demidoff from Jean-Baptiste and Jules Fossin are recorded in the ledger of 1840–45, Chaumet Archives, 12 Place Vendôme, Paris.
23. *Joyaux de S. A. I. Madame la Princesse Mathilde* (1904), p. xiv (preface by F. Masson). As a sign of mourning she wore black pearls, indicative of her disapproval of women who dared appear in her presence wearing diamonds from the sale.
24. D. Scarisbrick, 'La Principessa Matilde: I Goielli di una Principessa Bonaparte', *Bolletino dei Musei Communali di Roma*, XIV, new series (2000), pp. 57–68.
25. A. Aspinall, ed., *Correspondence of George, Prince of Wales 1770–1812* (1963–71), vol. 2, no. 674.
26. R. Rush, *The Court of London from 1819–1825* (1873), p. 103.
27. S. Bury, 'Queen Victoria and the Hanoverian Claim to the Crown Jewels', *Handbook to the International Silver and Jewellery Fair*, Dorchester Hotel, London (1988).
28. H. Roberts, *The Queen's Diamonds* (2012), pp. 60, 64.
29. G. Noel, *Ena: Spain's English Queen* (1989), p. 15.
30. Princess Maria Gabriella of Savoy and S. Papi, *Gioielli di Casa Savoia* (2004), pp. 12–56.
31. F. Crosse, 'The Duke of Brunswick', *History Today* (10 October 1954), vol. 4, pp. 689–97.

32. H. Bari and V. Sautter, eds, *Diamants* (2001); Morel (1988), p. 276.
33. Marquis de Breteuil, *Journal Secret, 1886–1889* (2007), p. 205.
34. D. Mandache, ed., *Dearest Missy, the Correspondence between Marie, Grand Duchess of Russia, Duchess of Edinburgh and of Saxe-Coburg and Gotha and her daughter, Marie, Crown Princess of Romania 1879–1900* (2011), p. 239.
35. J. Purtell, *The Tiffany Touch* (1971), pp. 103–04.

第七章
1. L. de Norvins, *Les Milliardaires Américains* (1899), p. 58. Envy was aroused by newspaper descriptions of European aristocratic wedding presents.
2. H. Roberts, *The Queen's Diamonds* (2012), pp. 158–73.
3. H. Nadelhoffer, *Cartier: Jewelers Extraordinary* (1984), p. 67. Tall, grand tiaras, which intimidated, were given the name of fenders, items of furniture that kept people from getting too close to the fire burning in the home.
4. *Illustrated London News* (1906).
5. E. D. Lehr, *"King Lehr" and the Gilded Age* (1935), p. 197.
6. Maria Gabriella of Savoy and S. Papi, *Gioielli di Casa Savoia* (2004), pp. 76–113.
7. M. Paléologue, *An Ambassador's Memoirs* (1923), I, p. 14.
8. D. Scarisbrick, 'Tiaras and the Art of Jewels for the Head', in H. Loyrette, ed., *Chaumet* (2017), pp. 137–76.
9. Norvins (1899), p. 61.
10. Paul Morand, *L'Allure de Chanel* (1996), pp. 61–62: 'femme n'était plus qu'un prétexte à richesses, à dentelles, à zibeline, à chinchilla, à matières trop précieuses ... le rare était devenu le commun: la richesse avait tout l'ordinaire de l'indigence'.
11. C. Vanderbilt, Jr, *Queen of the Golden Age* (1989), pp. 80–82.
12. Marie of Romania, *Histoire de Ma Vie* (2014), p. 384: 'ce mode impérial fabuleux n'est plus ... il appartient au passé aussi définitivement que les croisades ou les troubadours'.
13. Morand (1996), p. 175: 'pour faire honneur à mes ouvrières'.
14. F. Lundberg, *America's 60 Families* (1937), p. 409.
15. *Cartier*, Paris, exh. cat. (2014), pp. 92–93.
16. L. Krashes, *Harry Winston: the Ultimate Jeweler* (1984), pp. 7–8.
17. M. Garland, *The Indecisive Decade* (1968), p. 86.
18. Lundberg (1937), pp. 412–13.
19. C. Vachaudez, *Bijoux des Reines et Princesses de Belgique* (2004), pp. 91–105; for comparison with Queen Mary, p. 99.
20. P. Van Rennssaeler, *Million Dollar Baby* (1979), p. 11.
21. Krashes (1984), pp. 164, 167.
22. *Ibid.*, p. 135.
23. E. Taylor, *My Love Affair with Jewelery* (2002), p. 47, and sale, Christie's, New York, 14 December 2011.
24. Ellen Barkin Sale, Christie's, New York, 10 October 2006, and Safra sale, Christie's, Geneva, 14 May 2012.

精选参考文献

图书与文章
H. Bari and V. Sautter, eds, *Diamants* (2001), see especially B. Morel, chapter XII
M. Bimbenet-Privat, *Les Orfèvres et l'Orfèvrerie de Paris au XVII Siècle*, 2 vols (2002)
J. Cordey, 'L'Inventaire après Décès d'Anne d'Autriche', *Bulletin de la Société de l'Histoire de l'Art Français* (1930), pp. 228–75
J. Cordey, *L'Inventaire des Biens de Madame de Pompadour* (1939)
S. Grandjean, *Inventaire aprés Décès de l'Impératrice Joséphine à Malmaison* (1994)
J. Hein, *The Treasure Collection at Rosenborg Castle* (2009), 3 vols
E. Kovács, *L'Âge d'Or de l'Orfèvrerie Parisienne au Temps des Princes de Valois* (2004)
L. Krashes, *Harry Winston: the Ultimate Jeweler* (1984)
J. Labarte, *Inventaire du Mobilier de Charles V* (1879)
R. Lightbown, *Medieval European Jewellery* (1992)
B. Morel, *The French Crown Jewels* (1988)
P. Muller, *Jewels in Spain 1500–1800* (1972; rev. edn 2012)

H. Nadelhoffer, *Cartier: Jewellers Extraordinary* (1984)
J. Ogden, *Diamonds: An Early History of the King of Gems* (2018)
D. Scarisbrick, *Jewellery in Britain 1066–1837* (1994)
D. Starkey and P. Ward, eds, *The Inventory of King Henry VIII* (1998)
D. Syndram, *Das Grüne Gewolbe, Dresden* (1997)
H. Tillander, *Diamond Cuts in Historic Jewellery 1381–1910* (1995)

展会目录
L. Salomé and Laure Delon, *Cartier: Le Style et l'Histoire* (Grand Palais, Paris, 2014)
A. Somers Cocks, ed., *Princely Magnificence* (Victoria and Albert Museum, London, 1980)
E. Taburet-Delahaye, *Paris 1400: Les Arts sous Charles VI* (Musée du Louvre, Paris, 2004)

图片版权

致谢

The author acknowledges with gratitude the support, information and advice she has received from the following: Benjamin Zucker, her sponsor; Nicolas, Jonathan and Francis Norton with Tristan Atkins and Rodney Howard of S. J. Phillips; Kazumi Arikawa and Keiko Horii of Albion Art; Beatrice de Plinval of Chaumet; Tim Knox, Director, Royal Collection Trust; the Duke of Bedford; the Duke of Buccleuch; Baroness Willoughby d'Eresby; Lord Camoys and the Trustees of the Chequers Estate; The Griffin Collection; Daniel Packer; João Magalhães; John Adamson; Emmanuel Ducamp; Etienne Grafe; Roselyne Hurel; Isabelle Lucas; Christophe Vachaudez; Jeremy Warren; Judith Kilby Hunt, her assistant; Amanda Corp and Guy Penman of the London Library; Jo Walton, picture researcher; Karolina Prymaka; editor Sarah Yates; and all the team at Thames & Hudson.

索引

瓦伦蒂娜·维斯孔蒂（Valentina Visconti），奥尔良公爵路易一世之妻，1371—1408年

瓦伦丁·卡德雷拉（Valentin Carderera），画家

瓦斯科·达·伽马（Vasco da Gama），葡萄牙探险家，初代维迪格拉伯爵

威廉·弗雷泽（William Fraser），东印度公司官员

威廉·冈布尔顿（William Gumbleton），珠宝商

威廉·赫里克（William Herrick），英国珠宝商

威廉·莎士比亚（William Shakespeare），文艺复兴时期英国诗人、戏剧家

威廉·瓦尔多夫·阿斯多尔（William Waldorf Astor），美国律师、政客

威廉三世（William Ⅲ），英国国王，1650—1702年

威洛比·德·埃雷斯比勋爵（Lord Willoughby de Eresby），

威妮弗雷德·卡文迪什-本廷克（Winifred Cavendish-Bentinck），波兰女爵

威斯敏斯特的爱德华（Edward of Westminster），亨利六世独生子，威尔士亲王，1453—1471年

威斯敏斯特侯爵（Marquis of Westminster）

维多利亚·阿德莱德·玛丽·路易丝公主（Princess Victoria Adelaide Mary Louise），维多利亚长公主，1840—1901年

维多利亚·欧亨尼亚（Victoria Eugenia），西班牙国王阿方索十三世的妻子，1887—1969年

维多利亚女王（Queen Victoria），大不列颠及爱尔兰联合王国女王，1819—1901年

维多利亚·阿历克丝·海伦·露易丝·贝娅特丽丝（Viktoria Alix Helene Luise Beatrice Prinzessin von Hessen und bei Rhein），尼古拉二世之妻，俄罗斯帝国末代皇后，1872—1918年

维托里奥·埃马努埃莱三世（Victor Emmanuel Ⅲ），意大利国王，任期1900—1946年

维森特·洛佩斯（Vicente Lopez），画家

魏斯豪普特（C. M. Weisshaupt），珠宝匠

温泽尔·亚姆尼策（Wenzel Jamnitzer），金匠

文森特·洛梅林（Vincent Loumelin），热那亚商人

翁贝托一世（Umberto Ⅰ），萨伏依公爵和意大利国王，1844—1900年

沃伦·黑斯廷斯（Warren Hastings），英国殖民地长官

"无畏的"约翰（John the Fearless），勃艮第公爵，1371—1419年

X

西奥多·勒·朱热（Théodore Le Juge），法国艺术家

西尔韦斯特·博斯克（Sylvestre Bosc），珠宝匠

西吉斯蒙德（Sigismund），卢森堡王朝的神圣罗马帝国皇帝，1368—1437年

西里·莫姆（Syrie Maugham），时尚设计师

希皮奥内·普尔佐内（Scipione Pulzone），意大利文艺复兴晚期那不勒斯画家

夏-路易-拿破仑·波拿巴（Charles-Louis-Napoléon Bonaparte），拿破仑三世，任期1852—1870年

夏洛莱公爵夫人（the Duchesse de Charolais），阿基坦公爵路易的妻子

小弗朗茨·波尔伯斯（Franz Pourbus the younger），佛兰芒画家

小汉斯·霍尔拜因（Hans Holbein the younger），德国画家

小卢卡斯·克拉纳赫（Lucas Cranach），德国画家

小马库斯·海拉特（Marcus Gheeraerts），都铎王朝时期的佛兰芒艺术家

谢赫·哈迈德·本·阿卜杜拉·阿勒萨尼阁下（Sheikh Hamad bin Abdullah Al Thani），卡塔尔王室成员

休伯特·凡·艾克（Hubert Van Eyck），尼德兰画家，约1385—1426年

休德利勋爵（Lord Sudeley），英国贵族

Y

雅各布·比利维特（Jacques Bilivert），尼德兰金匠，活跃于意大利

雅各布·达·特雷佐（Jacopo da Trezzo），意大利画家

雅各布·蒂雷（J. Thuret），法国钟表匠

雅各布·富格尔（Jacob Fugger），富格尔家族的第二代接班人，富格尔金融帝国的缔造者

雅各布·莫雷斯（Jacob Mores），珠宝设计师

雅克·安德鲁埃·迪塞尔索（Jacques Androuet Ducerceau），文艺复兴时期欧洲法国建筑设计师与装潢师

雅克·的·诺文斯（Jacques De Norvins），拿破仑一世的史官及行政长官

雅克·杜阿尔特（Jacques Duart），英国国王查尔斯一世钦定宫廷珠宝商

雅克-路易·大卫（Jacques-Louis David），法国画家

亚历山大·蒲柏（Alexander Pope），18世纪英国最伟大的诗人

亚历山大一世（Alexander Ⅰ），俄国沙皇，任期1801—1825年

亚历山德拉·卡洛琳·玛丽·夏绿蒂·露意丝·茱莉亚（Alexandra Caroline Marie Charlotte Louise Julia），英国国王爱德华七世的妻子，1844—1925年

扬·凡·艾克（Jan Van Eyck），尼德兰画家，与其兄弟休伯特·凡·艾克同为尼德兰早期第一批绘画大师，约1390—1441年

耶什万特·拉奥·霍尔卡（Yeshwant Rao Holkar），摩诃罗阇印多尔二世

叶卡捷琳娜二世（Catherine Ⅱ），俄罗斯女皇，1729—1796年

伊凡·克拉姆斯柯依（Ivan Kramskoi），19世纪下半叶俄国著名画家及艺术评论家

伊拉斯谟·霍尼克（Erasmus Hornick），佛兰芒设计师

伊拉斯谟·斯卡特（Erasmus Skates）

伊丽莎白·法尔内塞（Elizabeth Farnese），腓利五世之妻，1692—1766年

伊丽莎白（Elizabeth），罗斯女爵，1667—1724年

伊丽莎白·阿马利亚·欧根妮（Elisabeth Amalie Eugenie），弗朗茨·约瑟夫一世之妻子，1837—1898年

伊丽莎白·奥古斯特（Elizabeth Augusta），普法尔茨公主，1721—1794年

伊丽莎白·德·卡拉曼-奇梅（Elizabeth de Caraman-Chimay），葛夫勒伯爵夫人，《追忆似水年华》中盖尔芒特公爵夫人原型

伊丽莎白·梅特兰（Elizabeth Maitland），劳德戴尔伯爵夫人，1626—1698年

伊丽莎白·蒙克（Elizabeth Monck），阿尔比马尔公爵夫人，1654—1734年

伊丽莎白·珀希（Elizabeth Percy），"骄傲的"查理的妻子及继承人，1667—1722年

伊丽莎白·斯图亚特（Princess Elizabeth），詹姆斯一世与丹麦的安妮的长女，1596—1662年

伊丽莎白·泰勒（Elizabeth Taylor），美国女演员

伊丽莎白·夏洛特（Elisabeth Charlotte），普法尔茨公主，昵称莉泽洛特女爵，1652—1722年

伊丽莎白夫人（Madame Elisabeth），法国宫廷内的贵妇

伊丽莎白一世（Elizabeth Ⅰ），都铎王朝最后一位君主，任期1558—1603年

伊利胡·耶鲁（Elihu Yale）

伊马姆（Imam of Muscat）

伊莎贝拉（Isabelle of Bourbon Parma），路易十五的孙女、约瑟夫二世之妻，1741—1763年

伊莎贝拉·雅盖隆（Isabella Jagiellon），匈牙利国王扎波尧伊·亚诺什之妻，1519—1559年

伊莎贝拉二世（Isabella Ⅱ），玛利亚王后和费尔南多七世的女儿，任期1833—1868年

伊娃琳·沃尔什·麦克林（Evalyn Walsh McLean），矿业大亨继承人

约尔格（Jorg）

约尔延·比罗斯（Jorgen Buros），珠宝匠

约翰·艾略特爵士（Sir John Eliot），英格兰政治家

约翰·德·克里茨（John de Critz），佛兰芒画家，英格兰宫廷画师

约翰·法斯特尔夫爵士（Sir John Falstof），百年战争中英格兰的一名骑士

约翰·福蒂斯丘爵士（Sir John Fortescue），英国政治家

约翰·哈里斯（John Harris），金匠

约翰·克洛斯特曼（John Closterman），德国画家

约翰·罗林斯韦德（Johann Rollyngswerd）

约翰·罗文斯基（John Rovensky），富豪

约翰·马布比（John Mabbe），伦敦珠宝商

约翰·莫（John Mawe），英国矿物学家

约翰·尼古拉斯（h Jehan Nicolas），金匠

约翰·斯彼尔曼（John Spillman），德国珠宝商

约翰·雅各·阿斯特夫人（Mrs John Jacob Astor），美国社交名媛

约翰二世（John Ⅱ），法国国王，"好人"约翰二世，任期1350—1364年

约翰娜（Joanna），托斯卡纳大公夫人，1547—1578年

约克的玛格丽特（Margaret of York），"大胆的"查理第三位夫人，1446—1503年

约瑟芬（Josephine），路易十八之妻，1753—1810年

约瑟芬·德·博阿尔内（Josephine de Beauharnais），拿破仑一世第一任妻子，1763—1814年

约瑟夫·卡尔·斯蒂勒（Joseph Karl Stieler），德国画家，1820—1855年间任巴戈利亚王室宫廷画师，以新古典人像风格闻名

约瑟夫·科普（Joseph Cope），珠宝匠

约瑟夫·尚美（Joseph Chaumet），珠宝匠

约瑟夫二世（Josef Ⅱ），神圣罗马帝国皇帝，任期1765—1790年

Z

扎波尧伊·亚诺什（John Zapolya），匈牙利国王，1490—1540年

詹姆斯·布加南·杜克（James Buchanan Duke），美国烟草大亨

詹姆斯·弗朗西斯·爱德华·斯图亚特（James Francis Edward Stuart），"老僭王"，英国国王詹姆斯二世的儿子，1688—1766年

詹姆斯·斯科特（James Scott），第一代蒙茅斯公爵，1649—1685年

詹姆斯一世（James Ⅰ），英格兰国王，任期1603—1625年

詹姆斯二世（James Ⅱ），英国国王，任期1685—1688年

詹姆斯三世（James Ⅲ），苏格兰斯图亚特王朝第五任君主，任期1460—1488年

珍妮·德·霍克伯格（Jeanne de Hochberg），隆德维尔公爵夫人，1485—1543年

朱丽安·玛丽（Juliane Marie），丹麦国王弗雷德里克五世之妻，1729—1796年

朱利奥·罗马诺（Giulio Romano），意大利画家、建筑师

朱莉（Julie），莱蒂西亚夫人的儿媳